先端光技術シリーズ 2　　大津元一　編集

光物性入門

―物質の性質を知ろう―

斎木敏治・戸田泰則

著

朝倉書店

序

　本書は先端光技術シリーズの第2巻であり，第1巻で学ぶ「光の性質」とともに光技術の両輪をなす「物質の性質」を学ぶことを主たる目的として執筆されている．したがって第1巻と第2巻を読めば光技術の基礎が習得できるように構成されている．他方，昨今の光技術は成熟期を迎えつつあり，新しい光技術の開拓には従来の技術体系と異なる考え方が必要とされている．本シリーズ第3巻ではこのような要望を背景とした先端光技術の一例として「ナノフォトニクス」が取り上げられる．このナノフォトニクスに対する導入の役割も本書は担っており，シリーズ全体として先端光技術の基礎から応用を体系的に学べるよう構成されている．本シリーズの理念と全体構成は第1巻の第1章に詳細がまとめてあるので，読者は是非御一読いただきたい．

　さて本書では物質で観測される様々な光学現象を理解するために，物質を構成する原子や電子のミクロな視点で光との相互作用を扱っていく．第1章ではそのようなミクロ状態への導入として「黒体放射」を扱う．連続準位をもつ理想物質に対し，光子と原子の熱平衡状態から相互作用のプロセスを与える光学遷移について考える．第2章では金属や絶縁体，半導体などの具体的な物質の光学応答を考える．ここではマクスウェル方程式から出発し，光電場を介した運動を1原子レベルでモデル化する．これをベースに結晶中に広がった電子の光学応答へと拡張し，結晶特有の電子状態や光学遷移について理解する．最後に再び空間的な閉じ込めを考慮することによって，次章で扱うナノ粒子の基本特性を考える．第3章は金属と半導体に典型的なナノ粒子として「金属ナノ粒子」と「量子ドット」を取り上げ，その光学応答の特徴を理解する．同時にナノスケールがもたらす劇的な効果の起源と応用上の意義についても学ぶ．第4章では量子力学の考え方を積極的に取り入れ，ミクロな視点の意味および意義について理解を深める．

執筆は第 2, 3 章を斎木が，第 1, 4 章を戸田がそれぞれ分担した．各章は大学低学年で学ぶ基礎科目とつながりをもたせてあり，第 1 章に統計力学，第 2, 3 章に電磁光学，力学と固体物理学，第 4 章は量子力学の考え方を用いている．内容は一般的な光物性の教科書や参考書と重複しているが，本シリーズの理念を踏まえた新しい切り口の参考となる項目を加えてある．また本書の一部は高度な内容を含んでいるが，初学者にも無理なく読み進めることができるよう各章の導入部や基本事項には丁寧な説明を心掛けた．しかしながら，以上の事柄を十分達成した自信はない．読者諸兄の忌憚のない御批評をいただければ幸いである．

筆者が光物性とかかわるようになってから 10 年以上の歳月が経つが，いまだに物性理解に対する満足感や新しい発見の喜びを得ることができる．これは筆者の浅学非才の裏返しといえるが，同時に物質のもつ単純さと複雑さの両面性が心を惹きつけて止まないのだと最近感じる．この両面性の魅力はなかなか初学者の方に伝えにくいのであるが，本書 (あるいは本シリーズ) を通してその一端でも知ってもらうことができたならば幸甚である．

本書の執筆をご推薦いただき，全章を通して詳細かつ有益なコメントをいただいた大津元一先生に感謝申し上げる．また執筆期間を支えてくれた家族に恐縮しながら感謝したい．最後に朝倉書店編集部には脱稿に時間が掛かり大変な御迷惑をおかけしたことを記してお詫び申し上げます．

2009 年 3 月

戸 田 泰 則
斎 木 敏 治

目　　次

1. 光の性質 ……………………………………………………… 1
- 1.1 黒体放射 …………………………………………………… 1
- 1.2 光の状態密度 ……………………………………………… 4
- 1.3 プランクの放射則 ………………………………………… 7
- 1.4 光子数の分布 ……………………………………………… 9
- 1.5 光の放出と吸収 …………………………………………… 13
- 1.6 物理量と単位 ……………………………………………… 15
  - 1.6.1 光の性質を表す変数 ………………………………… 16
  - 1.6.2 光の量を表す変数 …………………………………… 18

2. 物質の光学応答 ……………………………………………… 21
- 2.1 物質中のマクスウェル方程式 …………………………… 21
  - 2.1.1 真空中のマクスウェル方程式 ……………………… 21
  - 2.1.2 物質中のマクスウェル方程式 ……………………… 23
- 2.2 電場による物質中の電子の運動のモデル化 …………… 27
  - 2.2.1 ローレンツモデル …………………………………… 27
  - 2.2.2 ドルーデモデル ……………………………………… 31
- 2.3 電磁固有モード …………………………………………… 34
  - 2.3.1 ポラリトン …………………………………………… 34
  - 2.3.2 表面波モード ………………………………………… 37
- 2.4 固体のバンド理論の基礎 ………………………………… 39
  - 2.4.1 エネルギーバンド …………………………………… 39
  - 2.4.2 シリコンと化合物半導体 …………………………… 43

2.4.3　バンド端での光遷移の起源 47
　　2.4.4　固体中の電子の運動 49
　　2.4.5　バンド間の光学遷移 52
　　2.4.6　励起子の光学遷移 53
　　2.4.7　発光スペクトル 56
　2.5　量子構造 60

3. ナノ粒子の光学応答 65
　3.1　ナノ粒子による光散乱 65
　3.2　金属ナノ粒子のプラズモン共鳴 68
　　3.2.1　ナノ粒子の双極子モーメント 69
　　3.2.2　電気双極子モーメントの共鳴的な増大 73
　3.3　金属ナノ粒子と環境の相互作用 74
　　3.3.1　電気双極子近傍に発生する電場 75
　　3.3.2　近接した2つのナノ粒子の相互作用 75
　　3.3.3　平面基板と金属ナノ粒子の相互作用 79
　　3.3.4　金属ナノ粒子と周囲の誘電媒質との相互作用 80
　　3.3.5　自然放出レートの増強 81
　　3.3.6　金属ナノ粒子を利用したセンシング・分析技術 83
　3.4　半導体量子ドット 84
　　3.4.1　閉じ込めサイズ効果 85
　　3.4.2　励起子効果 86
　　3.4.3　量子ドットにおける分極のコヒーレンス 88
　　3.4.4　量子ドットにおけるスピンのコヒーレンス 90
　　3.4.5　量子ドットにおけるスピン状態の生成 93
　　3.4.6　量子ドット中の強い電子・正孔相互作用 94

4. 光学応答の量子論 97
　4.1　量子論の基礎 98
　4.2　電磁場の量子化 106

4.2.1　調和振動子 …………………………………… 106
　　4.2.2　電磁場の量子化 ………………………………… 108
　　4.2.3　ゲージ変換による電磁場の量子化 ………………… 111
　4.3　光学遷移の量子論 …………………………………… 114
　　4.3.1　弱電場近似 ……………………………………… 116
　　4.3.2　共鳴における遷移確率 …………………………… 117
　　4.3.3　強励起した場合の光学遷移 ……………………… 121
　　4.3.4　量子化された電磁場との相互作用 ………………… 127
　4.4　結晶中電子の光学遷移 ……………………………… 134
　　4.4.1　結晶中の電子状態 ………………………………… 134
　　4.4.2　ブロッホの定理 …………………………………… 138
　　4.4.3　バンド間遷移 ……………………………………… 140
　　4.4.4　k·p 摂動によるバンド計算 ……………………… 142
　　4.4.5　スピンを考慮した k·p 摂動 ……………………… 145
　　4.4.6　格子振動 (フォノン) ……………………………… 148
　4.5　緩　　和 ……………………………………………… 152
　　4.5.1　緩和とスペクトル幅 ……………………………… 152
　　4.5.2　密度演算子とコヒーレンス ……………………… 154
　　4.5.3　均一幅分光 ………………………………………… 159

参考文献 ……………………………………………………… 164

索　　引 ……………………………………………………… 165

Chapter 1

光 の 性 質

1.1 黒 体 放 射

　光の量子である光子は前期量子論の主役の1つなので，少しでも量子力学を聞きかじったことのある人は黒体放射 (輻射) や空洞放射 (輻射) という言葉を聞いたことがあると思う．黒体 (空洞) は熱力学的な平衡状態におかれた光と物質を扱うための理想的な実験モデルで，黒体放射の場合は光を 100% 吸収 (放出) する物質，空洞放射の場合は 100% 反射する物質で構成される．熱平衡状態において，黒体や空洞は温度に依存したエネルギーをもつ光を放射する．このとき，平衡状態を乱さない程度に開けられた微小な穴を通して漏れ出す光エネルギーの波長分布 (スペクトル) を測定できる．

　黒体のような理想システムに対応する現実のシステムは製鉄に用いられる溶鉱炉である．溶鉱炉から漏れ出す光のスペクトルを測定すれば容易に溶鉱炉中の鉄の温度を判別できるので，製鉄産業が発展する 19 世紀末に詳細に調べられるようになった．温度が低いときには赤味がかった色，温度が高くなるにつれ黄色から青白っぽい色に変化することをイメージできるだろうか．溶鉱炉はあまりなじみがないかもしれないので，代わりに夜空の恒星を眺めてもらえればよいと思う．肉眼では難しい場合も多いが，よく見ると恒星から放射される光は様々な色をしている．たとえば冬の代表的な星座，オリオン座は恒星による色の違いが比較的認識しやすい (図 1.1)．オリオンの右肩にあるベテルギウスは赤い光，左ひざのリゲルは青白い光を放つ．またベテルギウスを含む冬の大三角形の恒星はそれぞれ色が異なる．この色の違いは恒星の温度に対応していると考えることができる．いずれの場合にも，光の色は光の周波数 (波長) と

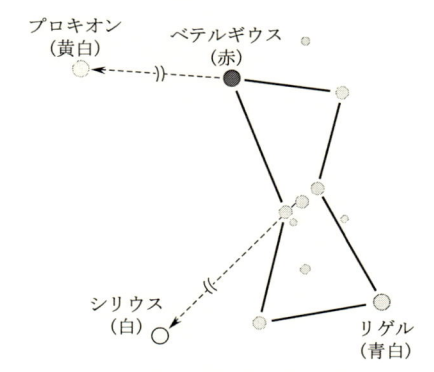

図 1.1 オリオン座と冬の大三角形
赤色に光るベテルギウスは他の恒星と色の違いを認識しやすい.

対応しているので,温度の増減による色の変化は,放射光がもつ周波数 (波長) が変化することに対応している.熱平衡にある黒体は必ずその温度に対応したスペクトルをもっており,色の変化は全光エネルギーに占める特定の周波数 (波長) をもつ光の割合が温度に応じて変化することを意味する.

それでは放射された光スペクトルを具体的な式として表していこう.スペクトルは放射される光に含まれる角周波数 $\omega = 2\pi\nu$ をもつ光の割合と考えることができることから,$\omega \sim \omega + d\omega$ の範囲にある放射光のエネルギー密度 $du(\omega) = u(\omega)d\omega$ を考える.スペクトルを全周波数領域で積分すれば光のエネルギー密度に等しくなる.結論から先にいうと,温度 T における $du(\omega)$ は次式で与えられる.

$$du(\omega)(= u(\omega)d\omega) = \Omega(\omega)d\omega \frac{\hbar\omega}{\exp(\hbar\omega/k_B T) - 1} \tag{1.1}$$

ここで $\Omega(\omega)d\omega$ (個 m^{-3}) は $\omega \sim \omega + d\omega$ に含まれる放射場の状態密度,$k_B T$(J) は温度 T におけるエネルギーに対応する.$\hbar, k_B$ はそれぞれプランク (Planck) 定数 h を 2π で割った値 ($\hbar = h/2\pi$) とボルツマン (Boltzmann) 定数である.(1.1) 式はプランクの放射則と呼ばれ,実験結果を正確に反映したエネルギー密度の波長依存性 (スペクトル) を与える.次節以降でもう少し詳細にこの式の導出過程を扱うが,この式の最も重要な点は角周波数 ω の光のエネルギーが $E = n\hbar\omega$ ($n = 0, 1, 2, \cdots$) をもつ光子の分布で構成されることである.光は図 1.2(a) に示すような離散的なエネルギーをもつ光子からなり,1 つの光子がも

1.1 黒体放射

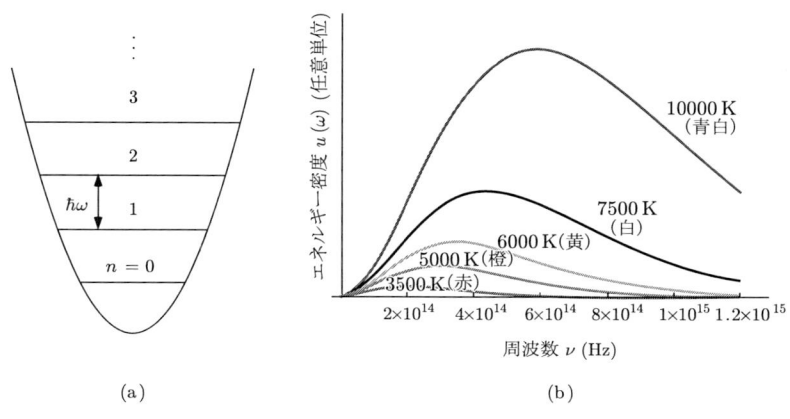

図 1.2 (a) $\omega \sim \omega + d\omega$ における光子エネルギー．(b) プランクの放射則による黒体放射スペクトル

つエネルギーは $\hbar\omega$ で決定されていることに相当する．この前提はアインシュタイン (Einstein) の光量子説と呼ばれ，量子化エネルギーによって光電効果が証明されたことにより，プランクの放射則の正しさも証明された．

図 1.2(b) はプランクの放射則 (1.1) に従って計算された黒体放射スペクトルである．温度によってピークの周波数が変化していることがわかる．このスペクトルの妥当性をみるため，黒体に相当する恒星の中でも最も身近な太陽の放射スペクトルを例にとって考えよう．強度減衰フィルタを通して見ると，太陽の放射光は黄色がかった白色をしていることがわかる．太陽の表面温度は 5800 K で，この温度に対応する黒体放射スペクトルは緑色に中心波長をもつ．可視域の長波長側の赤色や短波長側の青色と混じるので，人間の目には黄色っぽい白色光として認識される．ついでに宇宙の光についても触れておこう．驚くことに宇宙全体で熱平衡にある光もまた，黒体放射スペクトルに一致することが知られている．宇宙は真っ黒のように思えるが，実は肉眼では認識できないミリ波からマイクロ波にピークをもつ電磁波が放射されている．スペクトルから逆算される宇宙の温度は約 3 K で，この電磁波こそ宇宙創成時に起こったビックバンの名残りであることが指摘されている．

1.2 光の状態密度

プランクの放射則を理解するために，特定の周波数に含まれる光の固有状態の数，すなわち状態密度について考えることから始めよう．この光を放射しているのは黒体を構成している物質であり，熱平衡条件の下では熱的に励起された電子が絶えず光を放射もしくは吸収しながら温度 T で安定に保たれている．いま我々は理想的な物質を考えているので放射される光は連続的な周波数をもつが，黒体という限定された空間を考えると，境界条件を満たす定在波が安定に存在する (すなわち数えるべき) 固有状態である．角周波数間隔 $d\omega$ を固定して考えると，高い周波数では固有状態の数が増えることがわかる．このように状態密度は角周波数 ω の関数である．したがって光の波動性のみに着目すると，温度 T で熱平衡にある黒体は単位角周波数あたりに含まれる電磁波の定在波モードにエネルギーを等分配することによって光を放射していると考えることができる．しかしながら，この考え方だけでは実験結果を十分説明できないことが後半明らかにされる．

角周波数 $\omega \sim \omega + d\omega$ に含まれる電磁波モードの数は光の状態密度 $\Omega(\omega)$ に対応する．$\Omega(\omega)$ は適当な境界条件のもとでモードの数を数えることにより具体的に計算することができる．いま 3 次元空間に $(0,0,0) \sim (L_x, L_y, L_z)$ の領域に光が閉じ込められていると仮定すると，共振条件から光の波数ベクトル $\boldsymbol{k}$ に対する境界条件は

$$\boldsymbol{k} = \left(\frac{n_x \pi}{L_x}, \frac{n_y \pi}{L_y}, \frac{n_z \pi}{L_z}\right) \tag{1.2}$$

$$|\boldsymbol{k}| = \frac{\pi}{L}\sqrt{n_x{}^2 + n_y{}^2 + n_z{}^2} \tag{1.3}$$

のように定められる．(L_x, L_y, L_z) は密度に換算するときに消えてしまうので，具体的な大きさを考える必要はない．また n_x, n_y, n_z は同時にすべてゼロをとることはない正の整数である．n_x, n_y, n_z の組み合わせは 1 つの定在波モード，すなわち 1 つの光の状態に対応する．この組み合わせに従って，波数ベクトル $\boldsymbol{k} = (k_x, k_y, k_z)$ を軸とする 3 次元座標系に取りうる点を書いてみよう．すると

1.2 光の状態密度

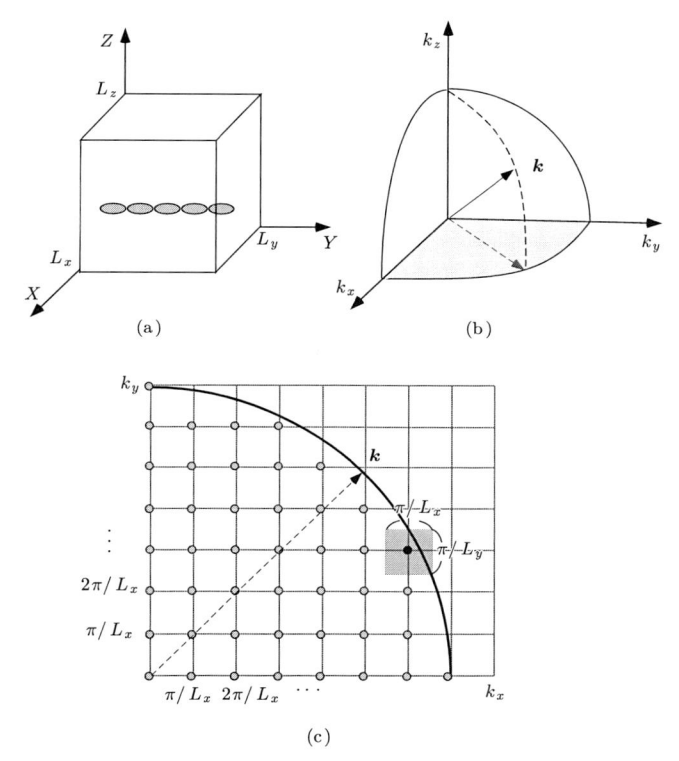

図 1.3 (a) 実空間の定在波モード $(n_x, n_y, n_z)=(0,5,0)$. (b) 実空間に対する $\boldsymbol{k}$ 空間. (c) $\boldsymbol{k}$ 空間 ((b) で影付の $k_x k_y$ 面のみ表示) における定在波モード (固有状態)

各モードは格子定数 $\pi/L_i\,(i=x,y,z)$ を満たす格子点 (等間隔に並んだ点) として描かれる. 囲まれた領域に1つの格子点 (すなわち1つの光の状態) を含むような直方体を考えると, その体積は $(\pi/L_x)\cdot(\pi/L_y)\cdot(\pi/L_z)$ である. したがって波数ベクトルの大きさ $|\boldsymbol{k}|$ が $0 \sim k$ の範囲にある格子点の数 $\Omega(k)$ は

$$\Omega(k) = 2 \times \frac{\dfrac{1}{8} \times \dfrac{4\pi k^3}{3}}{\dfrac{\pi}{L_x}\cdot\dfrac{\pi}{L_y}\cdot\dfrac{\pi}{L_z}} \cdot V$$

$$= (偏光の数) \times \frac{(\boldsymbol{k}\text{ 空間の体積})}{(1\text{つの格子点を含む直方体の体積})} \Big/ V \quad (1.4)$$

と表せる. 光は1つの状態に対して2つの偏光状態を取りうるので, 2が掛け

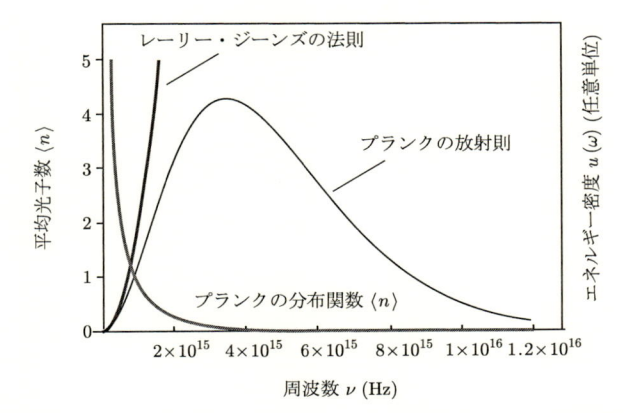

図 1.4 プランクの放射則とレーリー・ジーンズの法則とのスペクトル計算結果の比較

である.また $k_x \geq 0, k_y \geq 0, k_z \geq 0$ であることを考慮すると,考えている k 空間の体積は半径 k の球体積の $1/8$ となる.$k = \omega/c$ を代入して ω で微分すると,

$$\Omega(\omega)d\omega = \frac{\omega^2}{\pi^2 c^3} d\omega \tag{1.5}$$

もしくは周波数 $\nu = \omega/2\pi$ を用いて

$$\Omega(\nu)d\nu = \frac{8\pi\nu^2}{c^3} d\nu \tag{1.6}$$

と求まる.

(1.5) 式をもとに,エネルギー等分配則に従って放射スペクトルの式を求めると,以下のように表される.

$$du(\omega) = \Omega(\omega)d\omega k_B T = \frac{\omega^2}{\pi^2 c^3} d\omega k_B T \tag{1.7}$$

この式で $k_B T$ は温度 T において各モードに割り当てられるエネルギーを示している.これはレーリー・ジーンズ (Rayleigh–Jeans) の法則と呼ばれ,低周波数領域の実験結果とよく一致する (図 1.4).このことは (1.1) 式のプランクの放射則で $\hbar\omega \ll k_B T$ とするとき,

$$\frac{\hbar\omega}{\exp(\hbar\omega/k_B T) - 1} \approx \frac{\hbar\omega}{1 + (\hbar\omega/k_B T) - 1} = k_B T$$

となることからも理解できる.しかしながら (1.7) 式で表されるスペクトルは

温度を変化させたときの色の変化，すなわち周波数ピークの変化を説明できない．何より全周波数領域で積分すると発散してしまう問題点がある．このことは光の波動性のみでは黒体放射を説明することができないことを意味している．

1.3 プランクの放射則

(1.7) 式は温度によってピーク周波数が変化するという実験事実を説明するのに不十分だが，図 1.4 に示すようにスペクトルの低周波数領域に対して非常によい一致を示す．(1.7) 式と (1.1) 式の大きな違いは，各放射モードに対してエネルギー $k_B T$ が等分配されるのではなく，量子化された単位エネルギー $\hbar\omega$ の光子が統計的に分布することである．このことを考えるために (1.1) 式を少し変形してみよう．

$$du(\omega) = \Omega(\omega)d\omega \frac{\sum_{n=0}^{\infty}(n\hbar\omega)\exp(-\beta n\hbar\omega)}{\sum_{n=0}^{\infty}\exp(-\beta n\hbar\omega)} \tag{1.8}$$

ここで $\beta \equiv 1/k_B T$ である．この式が (1.1) 式と一致することがわかるだろうか．念のため，等比級数の部分を抜き出しておくと

$$\begin{aligned}
\sum_{n=0}^{\infty}\exp(-\beta n\hbar\omega) &= 1 + \exp(-\beta\hbar\omega) + \exp(-2\beta\hbar\omega) + \cdots \\
&= \frac{1}{1-\exp(-\beta\hbar\omega)} \\
\sum_{n=0}^{\infty}n\exp(-\beta n\hbar\omega) &= -\frac{\partial}{\partial(\beta\hbar\omega)}\sum_{n=0}^{\infty}\exp(-\beta n\hbar\omega) \\
&= \frac{\exp(-\beta\hbar\omega)}{[1-\exp(-\beta\hbar\omega)]^2}
\end{aligned} \tag{1.9}$$

となる．(1.8) 式は

$$du(\omega) = \Omega(\omega)d\omega \sum_{n=0}^{\infty}(n\hbar\omega)\frac{\exp(-\beta n\hbar\omega)}{\sum_{m=0}^{\infty}\exp(-\beta m\hbar\omega)} \tag{1.10}$$

とも書けるが，この式の級数和は $\omega \sim \omega + d\omega$ における放射光の平均エネルギー

$$\langle E \rangle = \sum_{n=0}^{\infty} n\hbar\omega \times \frac{\exp(-\beta n\hbar\omega)}{\displaystyle\sum_{m=0}^{\infty} \exp(-\beta m\hbar\omega)}$$

$$= \sum_{n=0}^{\infty}(\text{光子数}\,n\,\text{の状態のエネルギー} \times \text{光子数}\,n\,\text{の状態をとる確率}) \tag{1.11}$$

に相当する．いま光子のエネルギーが $\hbar\omega$ であることを前提として話を進めているので，光子数 n の状態のエネルギーが $n\hbar\omega$ と書けることは問題ないと思う．また，もしエネルギー E_n すなわち $n\hbar\omega$ をもつ状態 n をとる相対的確率を

$$\exp\left(\frac{-E_n}{k_B T}\right) \tag{1.12}$$

すなわち $\exp(-\beta n\hbar\omega)$ とすることを認めてもらえるならば，すべての取りうる状態 (今の場合 $n = 0 \sim \infty$) の中で状態 n をとる確率 $P_n(\omega)$ は

$$P_n(\omega) = \frac{\exp(-\beta n\hbar\omega)}{\displaystyle\sum_{m=0}^{\infty} \exp(-\beta m\hbar\omega)} = \exp(-\beta n\hbar\omega)\left[1 - \exp(-\beta\hbar\omega)\right] \tag{1.13}$$

と書けることに納得いくのではないだろうか．ここで分母の級数和は規格化定数に相当し，統計力学では分配関数 Z と呼ばれる重要なパラメータである．分配関数 Z を用いると (1.11) 式は

$$\langle E \rangle = \sum_{n=0}^{\infty}(n\hbar\omega)\frac{\exp(-\beta n\hbar\omega)}{Z} \tag{1.14}$$

と書くことができる．角周波数 $\omega \sim \omega + d\omega$ の範囲にある放射光の平均エネルギーに $d\omega$ に含まれる光の状態数 (モード数) $\Omega(\omega)d\omega$ ((1.5) 式) を平均エネルギー $\langle E \rangle$ に掛けることによってプランクの放射則 (1.1) もしくは

$$u(\omega)d\omega = \frac{\omega^2}{\pi^2 c^3}d\omega \frac{\hbar\omega}{\exp(\hbar\omega/k_B T) - 1} \tag{1.15}$$

が導かれる．ここで $x = \hbar\omega/k_B T$ とおくと

$$u(\omega) = \frac{2(k_B T)^3}{\pi \hbar^2 c^3} \frac{x^3}{\exp(x) - 1} \tag{1.16}$$

と変形できるが,これは

$$\frac{d}{dx} \frac{x^3}{\exp(x) - 1} = 0$$

の根 $x \approx 2.8214$ から

$$\omega_{\max} \approx \frac{2.8214}{\hbar} k_B T \tag{1.17}$$

で極大値をとる. T に比例する関数として与えられる $\omega_{\max}$ は温度の上昇とともに高周波数 (短波長) へとシフトする実験事実を満たしており,特に関係式 (1.17) はウィーン (Wien) の変位則として知られる. 放射光の全エネルギー密度は $u(\omega)$ を全周波数領域で積分することによって求められ,

$$\int_0^\infty u(\omega) d\omega = \frac{\hbar}{\pi^2 c^3 \beta^4 \hbar^4} \int_0^\infty \frac{x^3 dx}{\exp(x) - 1} = \frac{\pi^2 (k_B T)^4}{15 c^3 \hbar^3} \tag{1.18}$$

と表される. すなわち全エネルギー密度は T^4 に比例することが示される (ステファン・ボルツマン (Stefan–Boltzmann) の法則).

1.4 光子数の分布

黒体放射スペクトルは光エネルギーの量子化によって再現できた. (1.7) 式 (レーリー・ジーンズの法則) と (1.1) 式 (プランクの放射則) との比較から,特に高い周波数領域のスペクトル形状でエネルギー量子化が重要な役割を果たすことを理解できたと思う. 他方で図 1.4 に示すように,低周波数領域は,光の波動性のみでよい一致を示す. この波動性と粒子性の違いを考えるために,光子数が周波数に対してどのように分布するかをみてみよう. (1.13) 式で表される光子状態 n をとる確率 $P_n(\omega)$ を用いると,温度 T で熱的に励起されている平均光子数 $\langle n \rangle$ は

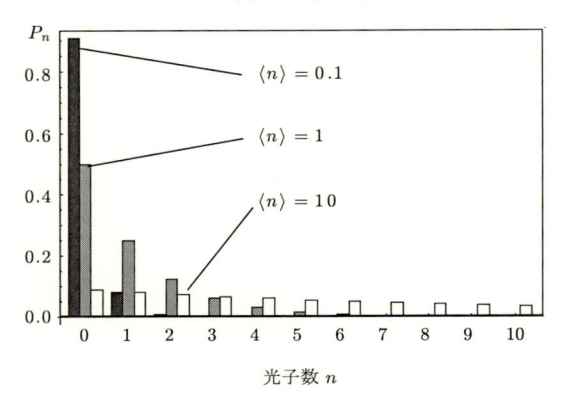

図 1.5 熱励起された光子数 n の確率分布 P_n

$$\begin{aligned}\langle n(\omega)\rangle &= \sum_{n=0}^{\infty} n P_n(\omega) \\ &= [1-\exp(-\beta\hbar\omega)]\sum_{n=0}^{\infty} n\exp(-\beta n\hbar\omega) \\ &= \frac{1}{\exp(\beta\hbar\omega)-1}\end{aligned} \quad (1.19)$$

と書ける.ここで後半の式展開は (1.9) 式を利用している. (1.19) 式から図 1.4 のようなプランクの分布関数が示される.低い周波数領域では光子数の増加と同時にエネルギー間隔 $\hbar\omega$ が小さくなることから,$k_B T$ で与えられる連続エネルギーと見なすことができるであろう.このことを確認するため,平均光子数 $\langle n \rangle$ に対する光子数の確率分布もみておこう. (1.19) 式を変形すると

$$\exp(-\beta\hbar\omega) = \frac{\langle n \rangle}{\langle n \rangle + 1}$$

となるので, (1.13) 式から

$$P_n = \frac{\langle n \rangle^n}{(\langle n \rangle + 1)^{n+1}} \quad (1.20)$$

となる.図 1.5 は (1.20) 式により計算された光子数 n に対する確率分布を異なる平均光子数 $\langle n \rangle$ について示している. $\langle n \rangle$ の値にかかわらず $n=0$ の確率が最大となることがわかる.また $\langle n \rangle$ の値が大きくなるにつれ,光子数分布は広がっていく.すなわち $\langle n \rangle$ が大きくなる低周波数領域では,放射場は連続的

なエネルギーをもつと見なせる．一方，$\langle n \rangle$ が 1 以下の場合は n の増加に対して n 乗で減少していく．図 1.4 から高周波数領域の平均光子数 $\langle n \rangle$ は 1 よりも小さくなることが示される．図 1.5 において $\langle n \rangle$=0.1 の場合，$n=1$ の確率は $n=0$ の 1/10 程度しかない．すなわち光子エネルギーの量子化が本質的なスペクトル形状を決定することになる．ここで統計分布の特徴を表す別のパラメータとして分散と標準偏差を定義しておきたい．分散は $\langle (\text{平均値との差})^2 \rangle$，標準偏差は分散の平方根で与えられる．標準偏差は「ゆらぎ」と同義である．すなわち分散 $(\Delta n)^2$ は

$$\begin{aligned}
(\Delta n)^2 &= \sum_{n=0}^{\infty} (n - \langle n \rangle)^2 P_n \\
&= \sum_{n=0}^{\infty} n^2 P_n - 2\langle n \rangle \sum_{n=0}^{\infty} n P_n + \langle n \rangle^2 \sum_{n=0}^{\infty} P_n = \sum_{n=0}^{\infty} n^2 P_n - \langle n \rangle^2
\end{aligned}$$

となる．(1.13) 式より

$$\begin{aligned}
\sum_{n=0}^{\infty} n^2 P_n &= [1 - \exp(-\beta\hbar\omega)] \frac{\partial^2}{\partial(\beta\hbar\omega)^2} \sum_{n=0}^{\infty} \exp(-\beta n \hbar\omega) \\
&= \frac{\exp(\beta\hbar\omega) + 1}{[\exp(\beta\hbar\omega) - 1]^2} = \langle n \rangle + 2\langle n \rangle^2 \quad (1.21)
\end{aligned}$$

と書ける．したがってゆらぎ Δn は

$$\Delta n = \sqrt{\langle n \rangle + \langle n \rangle^2} \quad (1.22)$$

となり，常に平均光子数よりも大きくなる．つまり光子数は $n=0$ から $n=\langle n \rangle$ 以上の広い範囲で分布することがわかる．

ここまで熱平衡状態にある黒体放射の光子数分布をみてきた．(1.19) 式は統計力学で学ぶボーズ粒子の分布に従っている．ついでにレーザーの光子数分布についても見ておきたい．レーザー光は特定の中心周波数に対して出力の平均エネルギーが定められた光源である．このとき光子数分布は

$$P_n = \frac{\langle n \rangle^n}{n!} \exp(-\langle n \rangle) \quad (1.23)$$

で与えられるポアソン (Poisson) 分布に従う．指数関数のテイラー展開が

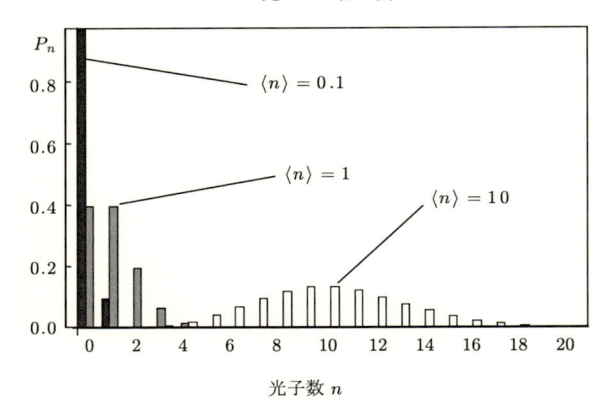

図 1.6 ポアソン分布に従う光子数 n の確率分布 P_n

$$\exp(x) = \sum_{n=0}^{\infty} \frac{x^n}{n!}$$

で与えられることを利用すると，ポアソン分布は規格化関数であることが理解できる．

$$\sum_{n=0}^{\infty} P_n = \exp(-\langle n \rangle) \sum_{n=0}^{\infty} \frac{\langle n \rangle^n}{n!} = \exp(-\langle n \rangle) \exp(\langle n \rangle) = 1 \quad (1.24)$$

$\langle n^2 \rangle$ は

$$\begin{aligned}
\langle n^2 \rangle &= \sum_{n=0}^{\infty} n^2 P_n = \langle n \rangle \sum_{n=1}^{\infty} n \frac{\langle n \rangle^{(n-1)}}{(n-1)!} \exp(-\langle n \rangle) \\
&= \langle n \rangle \sum_{m=0}^{\infty} (m+1) \frac{\langle n \rangle^m}{m!} \exp(-\langle n \rangle) = \langle n \rangle \sum_{m=0}^{\infty} (m+1) P_m \\
&= \langle n \rangle^2 + \langle n \rangle
\end{aligned} \quad (1.25)$$

より，分散は

$$(\Delta n)^2 = \langle n \rangle^2 + \langle n \rangle - \langle n \rangle^2 = \langle n \rangle \quad (1.26)$$

となる．したがって，黒体放射と異なり，ポアソン分布は $n = \langle n \rangle$ で確率の最大値をもつ．また $\langle n \rangle$ から外れたところでは，$P_n \approx 0$ となる．ポアソン分布は幅広い分野で目にする代表的な統計分布で，統計的にランダムに起こる事象を反映する．すなわちレーザー光は互いに相関なくランダムに飛来する光子からなることを意味している．

1.5　光の放出と吸収

1.3 節では熱平衡状態にある光子の統計分布から放射スペクトルを考えた．その際，光子の分布を決定する黒体は温度 T に調節された熱浴として扱かった (図 1.7(a))．実際に平衡状態となるように光子の出し入れ，すなわち光の放出や吸収を担っているのは黒体を形成している原子であり，本節ではこの原子系の熱平衡状態を考える (図 1.7(b))．原子以外の系は温度 T に調節された熱浴である．原子系に着目することによって，光と物質の相互作用に関する情報を黒体放射スペクトルに取り込む．この考察はアインシュタインによってなされ，プランクの放射則との比較から 3 種類の光学遷移過程が導出される．

離散的な原子準位をもとに熱平衡状態を考えよう．黒体はあらゆる波長の光を 100% 吸収 (放射) する物質で構成されているため，離散的な原子準位は連続的なエネルギーを取りうるが，ここでは特定の周波数をもつ遷移のみに着目する．上準位のエネルギー E_a，下準位のエネルギー E_b をもつ 2 準位の間で原子が遷移するとき，この遷移はボーア (Bohr) の条件

$$\hbar\omega = E_a - E_b \tag{1.27}$$

を満たす特定の周波数 ω の光を放出 (a→b の遷移) または吸収 (b→a の遷移) できる．簡単のため各準位の縮退がないとすると，熱平衡状態にあるとき上準

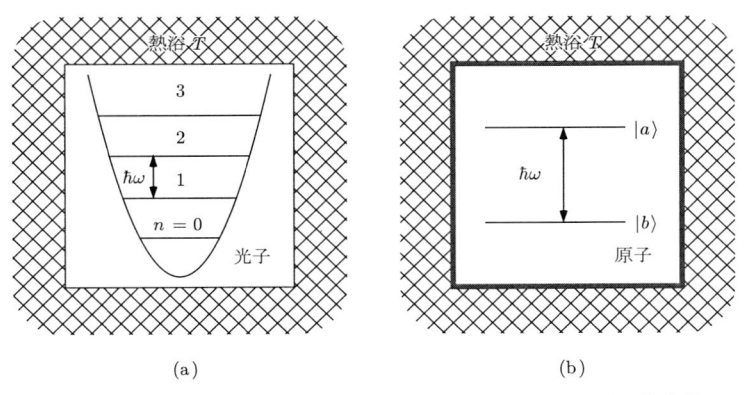

図 1.7　(a) 光子系に着目した熱平衡状態，(b) 原子系に着目した熱平衡状態

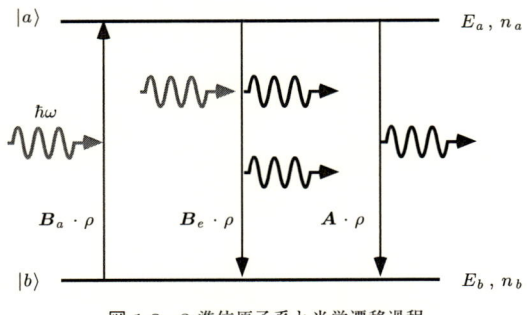

図 1.8 2準位原子系と光学遷移過程

位の原子数 n_a と下準位の原子数 n_b との比は

$$\frac{n_a}{n_b} = \exp(-\beta\hbar\omega) \tag{1.28}$$

で与えられる．この式が成り立つことは 1.3 節で光子数分布を考えるときに，独立した量子状態 (光子数 n の状態) が実現される相対的確率が (1.12) 式により与えられたことを思い出してもらうとよい．(1.28) 式で与えられる原子数分布はボルツマン分布と呼ばれる．黒体内部の光子は原子系と吸収，放出を繰り返しながら (1.28) 式を満たすような原子数分布を与える．

1つの原子に対して単位時間あたりに遷移が起こる確率は，ボーアの条件 (1.27) を満たす周波数 ω の光子のエネルギー密度 $\rho(\omega)$ に比例するであろう．このとき a→b の光子の放出確率は $n_a B_e \rho(\omega)$，b→a の光子の吸収確率は $n_b B_a \rho(\omega)$ と書ける．遷移確率がこのような一定の遷移レートで書けることは 4.3.1 項で量子論的に示される．また上準位にある原子はより安定な下準位に遷移する確率をもち，これは $\rho(\omega)$ に依存しないはずである．この放出確率を $n_a A$ と書く．ここで B_e, B_a, A は定数である．熱平衡状態では放出と吸収の確率が等しいはずなので

$$n_a A + n_a B_e \rho(\omega) = n_b B_a \rho(\omega) \tag{1.29}$$

の関係が成り立つ．したがって光子のエネルギー密度 $\rho(\omega)$ は定数 B_e, B_a, A を用いて

$$\rho(\omega) = \frac{A}{\dfrac{n_b}{n_a}B_a - B_e}$$
$$= \frac{A/B_a}{\exp(\beta\hbar\omega) - B_e/B_a} \tag{1.30}$$

となる．ここで後半の式展開は関係式 (1.28) を用いた．この式はプランクの放射則 (1.15) に一致しなければならないので，各定数の間には

$$B_e = B_a \tag{1.31}$$
$$A = \frac{\hbar\omega^3}{\pi^2 c^3}B_a \tag{1.32}$$

なる関係が成り立つ．係数 B_e, B_a で特徴づけられる遷移はそれぞれ誘導吸収，誘導放出，係数 A による放出は自然放出と呼ばれる．B_e と B_a はまとめてアインシュタインの B 係数，A はアインシュタインの A 係数と呼ばれる．先の仮定に基づくと，誘導吸収および誘導放出は入射光と相関をもつ遷移過程，自然放出は入射光とは無関係に起こる遷移である．ところで $A=0$ の場合はどうなるであろう．(1.29) 式から

$$\frac{B_e}{B_a} = \frac{n_b}{n_a} = \exp(-\beta\hbar\omega)$$

となり，温度に依存するため適切でない．同様に $B_e=0$ の場合は

$$\rho(\omega) = \frac{n_a A}{n_b B_a} = \frac{A}{B_a}\exp(-\beta\hbar\omega)$$

となりプランクの放射則と整合しないことになる．すなわち熱平衡条件下における原子分布をプランク放射則と比較することによって，光学遷移は誘導放出，誘導吸収，自然放出の 3 つの過程からなることが示された．

1.6 物理量と単位

ここまでで，光の量子状態である光子としての特徴をほぼ一通りみてきたことになる．電磁波としての物理量と光子としての物理量，および光の量的変数が混在するので，ここで一度おさらいの意味も兼ねて光に関係した物理量と単位，およびその換算方法についてまとめておきたい．

1.6.1 光の性質を表す変数

はじめに光の電磁波としての性質を反映する物理量についてまとめておこう．電磁波はマクスウェル (Maxwell) 方程式から

$$\begin{aligned}\boldsymbol{E}(\boldsymbol{r},t) &= \boldsymbol{E}_0 \cos(\boldsymbol{k}\cdot\boldsymbol{r}-\omega t) = \mathrm{Re}\left[\boldsymbol{E}_0\exp\{i\left(\boldsymbol{k}\cdot\boldsymbol{r}-\omega t\right)\}\right] \\ \boldsymbol{B}(\boldsymbol{r},t) &= \boldsymbol{B}_0 \cos(\boldsymbol{k}\cdot\boldsymbol{r}-\omega t) = \mathrm{Re}\left[\boldsymbol{B}_0\exp\{i\left(\boldsymbol{k}\cdot\boldsymbol{r}-\omega t\right)\}\right]\end{aligned} \quad (1.33)$$

のように電場もしくは磁場の波動関数 (時間 t および空間 $\boldsymbol{r}$ の関数) として記述できる．物質との相互作用を考えると，磁場応答が支配的となる場合はまれであり，通常電場の式 (1.33) が用いられる．同様の理由で偏光方向も電場方向 ($\boldsymbol{E}_0$) を用いる．横波である電磁波は伝搬方向を示す波数ベクトル $\boldsymbol{k}$ と $\boldsymbol{k}\perp\boldsymbol{E}\perp\boldsymbol{B}$ の関係にある．電場振幅および磁場振幅は後に述べる量的変数と関係づけられる．光の性質を特徴づける変数について以下にまとめる．

	記号	単位
(角) 周波数	$\nu(\omega)$	Hz, s^{-1} (rad s^{-1})
波長	λ	m
波数	k	rad m^{-1}
波数	K	m^{-1}

周波数 ν(Hz もしくは s^{-1}) は 1 秒あたりの電場振動もしくは磁場振動の振動回数に相当する．角周波数 ω(rad s^{-1}) と ν は $\omega = 2\pi\nu$ の関係にある．いわゆる光の周波数範囲は幅広く 10^{18} Hz = 1 EHz(エクサヘルツ) にまで達する．しかしながら我々が目で認識できる，いわゆる可視光の周波数領域は $4\sim 8\times 10^{14}$ Hz のごく限定された範囲である．分光学的な観点から可視光と同等の近似が使用できる周波数範囲はこれよりもやや広く，高振動数 10^{18} Hz から低振動数端は遠赤外域の 10^{13} Hz = 10 THz(テラヘルツ) の領域に相当する．いわゆるテラヘルツ領域は,「光としての性質と電磁波としての性質をあわせもつ」といわれる．つまり光と電磁波の中間領域に相当する．光は電磁波の一種なので，光 ≡ 電磁波であるが，テラヘルツ以下の周波数の電磁波に対して光という言葉は用いない．一方，波長 λ と周波数 ν は光速 c を使って $\lambda = c/\nu$ と関係づけられ

1.6 物理量と単位

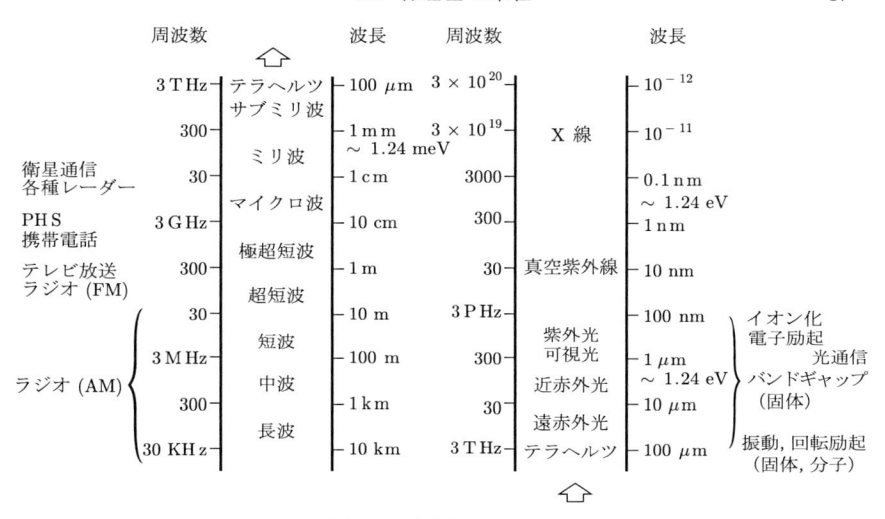

図 1.9 電磁波のオーダー

る．ここで $c = 299792458 \approx 3 \times 10^8$ (m s^{-1}) は真空中の光速である．光の波長は紫外域 (10～400 nm)，可視域 (360～800 nm)，赤外域 (700 nm～1000 μm) に区別される．物質中の光の速度は物質側のマクロな物理量である屈折率 n により $v = c/n$ となる．周波数 $\nu(\omega)$ は一定であるので，波長 λ は λ/n となる．光の伝搬定数である波数ベクトル $\boldsymbol{k}$ の大きさについても同様に $k = 2\pi n/\lambda$ となる．特に赤外域でよく用いられる周波数単位は波数 cm^{-1}（カイザー）であり，cm 換算された波長 λ の逆数で与えられる．赤外域の波長に対応する波数は約 14000～10 cm^{-1} に相当する．波数 k と波数 K は共に波長の逆数で与えられるが，波数ベクトルが光の質的変数であるのに対し，波数 K は物質側の応答を表す質的変数である．光子の立場から考えるとき，周波数や波長の代わりに光子エネルギー E を単位として用いる．ただしここで使用されるエネルギーはあくまでも 1 光子のエネルギーであり，光の質的変数である．したがって後述の量的変数として使われるエネルギーとは区別しなければならない．特定の周波数もしくは波長をもつ 1 光子のエネルギーはプランク定数 $h = 6.626176 \times 10^{-34}$ J Hz^{-1} もしくは $\hbar (= h/2\pi) = 1.0545887 \times 10^{-34}$ J s を用いて $E = \hbar\omega$ (eV) と表される．別の単位として，ボルツマン定数 $k_B = 1.380662 \times 10^{-23}$ J K^{-1} を用いた $k_B T$ による換算から K が用いられる場合もある．

$$1 \text{ eV} = 1.6022 \times 10^{-19} \text{ J}$$
$$= 8065.5 \text{ cm}^{-1}$$
$$= 2.418 \times 10^{14} \text{ Hz}$$
$$= 1.2398 \, \mu\text{m}$$
$$= 11600 \text{ K}$$

波数を基準にした単位換算は

$$1 \text{ cm}^{-1} = 1.9865 \times 10^{-23} \text{ J}$$
$$= 0.12398 \text{ meV}$$
$$= 1.43822 \text{ K}$$

の関係式で表せる．

1.6.2 光の量を表す変数

光の強さは，電磁波の運ぶエネルギーで表される．測定方法や対象に応じた複数の等価な物理量が存在し，目的に応じて使い分けられる．はじめに本項で取り上げる変数の定義を以下にまとめる．

	記号	単位
(放射) エネルギー	W	J
(放射) パワー	P	$\text{W}(\text{J s}^{-1})$
エネルギー密度	ρ	J m^{-3}
平均エネルギー密度または強度	I	W m^{-2}
電場 (磁場) 振幅	$E_0 (B_0)$	V m^{-1} (T)

光の放射エネルギーは 1 光子エネルギーと

$$\langle n \rangle = \frac{W}{E} = \frac{W}{\hbar \omega} \tag{1.34}$$

の関係で結ばれる．たとえば単一波長 λ=720 nm で発振する半導体レーザーの出力パワー $P = 30 \, \mu\text{W}$ を光子数に換算すると

$$\lambda = 720\,\mathrm{nm} \Longrightarrow E = 2.76 \times 10^{-19}\,\mathrm{J}\,(= 1.72\,\mathrm{eV})$$

$$\frac{30 \times 10^{-6}\,\mathrm{J\,s^{-1}}}{2.76 \times 10^{-19}\,\mathrm{J\,photon^{-1}}} = 10^{14}\,\mathrm{photon\,s^{-1}}$$

となる．電磁気学の教える静電場 $\boldsymbol{E}$ および静磁場 $\boldsymbol{H}$ の単位体積あたりのエネルギー密度 u_e, u_m は

$$u_e = \frac{1}{2}\varepsilon_0|\boldsymbol{E}|^2 \tag{1.35}$$

$$u_m = \frac{1}{2}\mu_0|\boldsymbol{H}|^2 \tag{1.36}$$

と表される．ここで $\varepsilon_0 = 8.854 \times 10^{-12}\,\mathrm{F\,m^{-1}}$, $\mu_0 = 4\pi \times 10^{-7}\,\mathrm{H\,m^{-1}}$ は真空中の誘電率と透磁率である．両定数の積は光速 c と

$$c\,(\mathrm{m\,s^{-1}}) = \frac{1}{\sqrt{\varepsilon_0\mu_0}}\left(\frac{1}{\sqrt{\mathrm{F\,m^{-1}\cdot H\,m^{-1}}}}\right) \tag{1.37}$$

の関係にある．電場と磁場の共存する平面電磁波のエネルギー密度 ρ は次式で与えられる．

$$\rho = u_e + u_m = \frac{\varepsilon_0}{2}|\boldsymbol{E}|^2 + \frac{\mu_0}{2}|\boldsymbol{H}|^2 \tag{1.38}$$

静電場 (磁場) と異なり，振動電場 (磁場) の振動サイクルにおけるエネルギーは絶えず変化するが，通常この変化は測定に影響しないので時間平均することによって

$$\langle\rho\rangle = \frac{\varepsilon_0}{2}\langle|\boldsymbol{E}|^2\rangle + \frac{\mu_0}{2}\langle|\boldsymbol{H}|^2\rangle = \frac{\varepsilon_0}{2}|\boldsymbol{E}_0|^2 \tag{1.39}$$

と表される．ここで後半の式展開は，

$$\langle|\boldsymbol{E}|^2\rangle = \frac{1}{2}|\boldsymbol{E}_0|^2,\quad \langle|\boldsymbol{H}|^2\rangle = \frac{1}{2}|\boldsymbol{H}_0|^2$$

$$|\boldsymbol{H}| = \sqrt{\frac{\varepsilon_0}{\mu_0}}|\boldsymbol{E}|$$

なる関係を用いた．ここで $\boldsymbol{E}_0(\boldsymbol{H}_0)$ は振動電場 (磁場) のベクトル振幅に対応する．強度 I は

$$I = c\langle\rho\rangle = c\frac{\varepsilon_0}{2}|\boldsymbol{E}_0|^2 \tag{1.40}$$

である．例として先の出力 $30\,\mu\mathrm{W}$ のレーザー光のビーム径が約 $100\,\mu\mathrm{m}$ の場合，強度は $\sim 10^6\,\mathrm{W\,m^{-2}}$ である．このとき電場の振幅の大きさ $|E_0|$ は

$$|E_0|^2 = \frac{2\times 10^6\,\mathrm{W\,m^{-2}}}{3\times 10^8 \times 8.854\times 10^{-12}\,\mathrm{F\,m^{-1}}} = 7.5\times 10^8\,(\mathrm{V\,m^{-1}})^2$$
$$E_0 = 2.7\times 10^4\,\mathrm{V\,m^{-1}}$$

となる．

Chapter 2

物質の光学応答

　真空中でのマクスウェル方程式は電場と磁場に関する4つの方程式からなり，それらを解くことによって伝搬する電磁波の解を得る．一方，物質中での電磁波の振る舞いも，同じくマクスウェル方程式により記述される．考察の対象を光(可視光)に限定すると，真空中の方程式との違いは，誘電率を物質に応じた値に置き換えることによって取り込むことができる．この誘電率を具体的に理解する(その起源や周波数依存性などを知る)には，最低限のモデル計算が必要である．その代表がローレンツ(Lorentz)モデル，ドルーデ(Drude)モデルであり，それぞれ絶縁体(半導体)，導体の光学応答，すなわち誘電率の具体的な表式を古典モデルで与えている．本章の前半では，このあたりの古典電磁気学・力学で理解できる範囲で，物質の光学応答を説明する．

　本格的な理解に至るには，量子力学による考察，さらには初等的なバンド理論の知識がどうしても必要となる．本章後半ではこれらについて説明する．量子力学による光遷移は摂動論の知識までを必要とするが，バンド理論についてはできる限り直感的に概念を把握できるような記述を心がけた．これらを総合して，半導体の光学スペクトルの基本的な理解の仕方について説明する．最後に光との相互作用という視点から物質を量子構造化する意義を述べる．

2.1 物質中のマクスウェル方程式

2.1.1 真空中のマクスウェル方程式

　物質(電子や原子)が存在しない真空中におけるマクスウェル方程式は，電場ベクトル $E(r,t)$ と磁束密度ベクトル $B(r,t)$ に関する以下の4つの方程式か

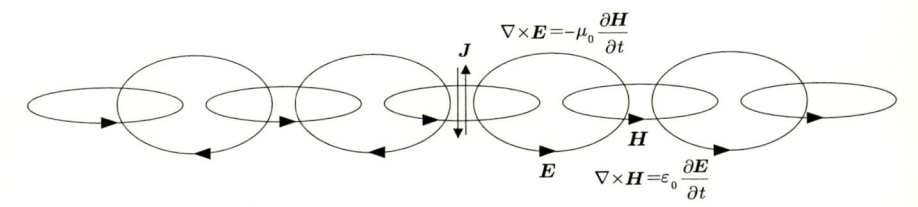

図 2.1 時間変化する電場と磁場が交互に源となって電磁波が伝搬する様子

らなる.

$$
\begin{aligned}
\nabla \cdot \boldsymbol{E} &= 0 \\
\nabla \cdot \boldsymbol{B} &= 0 \\
\nabla \times \boldsymbol{E} &= -\frac{\partial \boldsymbol{B}}{\partial t} \\
\nabla \times \boldsymbol{B} &= \varepsilon_0 \mu_0 \frac{\partial \boldsymbol{E}}{\partial t}
\end{aligned}
\tag{2.1}
$$

ここで ε_0 と μ_0 はそれぞれ真空の誘電率, 真空の透磁率と呼ばれ, 光速 c とは $c = 1/\sqrt{\varepsilon_0 \mu_0}$ の関係にある. また, 真空中の電束密度 $\boldsymbol{D}(\boldsymbol{r}, t)$ と磁場 $\boldsymbol{H}(\boldsymbol{r}, t)$ は, それぞれ $\boldsymbol{D} = \varepsilon_0 \boldsymbol{E}$, $\boldsymbol{B} = \mu_0 \boldsymbol{H}$ で定義されている. マクスウェル方程式 (2.1) にベクトル演算子の公式を適用すると, いわゆる波動方程式が導かれ, 電場, 磁束密度 (磁場) が波として真空中を伝わることが理解できる.

$$
\begin{aligned}
\nabla^2 \boldsymbol{E} - \varepsilon_0 \mu_0 \frac{\partial^2 \boldsymbol{E}}{\partial t^2} &= 0 \\
\nabla^2 \boldsymbol{B} - \varepsilon_0 \mu_0 \frac{\partial^2 \boldsymbol{B}}{\partial t^2} &= 0
\end{aligned}
\tag{2.2}
$$

少し平たく説明すると, 時間変化する電場を発生する何らかの源 (瞬間的に流れる電流 $\boldsymbol{J}$ など) があると, (2.1) の第 4 式によって磁束密度が発生し, 次にこれが源となって (2.1) の第 3 式によって電場が発生する. これが時間的, 空間的に連鎖的に連なって, 電場, 磁場が遠方まで伝搬していく. その様子を図 2.1 に示す.

波動方程式の最も簡単な解は平面波 (波の位相が等しい面が平面となっている波) であり, 以下のように表される.

$$
\begin{aligned}
\boldsymbol{E}(\boldsymbol{r}, t) &= \boldsymbol{E}_0 \cos(\boldsymbol{k} \cdot \boldsymbol{r} - \omega t) \\
\boldsymbol{B}(\boldsymbol{r}, t) &= \boldsymbol{B}_0 \cos(\boldsymbol{k} \cdot \boldsymbol{r} - \omega t)
\end{aligned}
\tag{2.3}
$$

ここで k と ω はそれぞれ波数ベクトル，角周波数と呼ばれる．波数ベクトルは波が伝わる方向を向いており，その絶対値は角周波数や光速と $|\boldsymbol{k}| = \omega/c$ の関係にある．また (2.3) 式を (2.2) 式に代入すると波数ベクトル，電場ベクトル，磁束密度 (磁場) ベクトルが互いに垂直であることがわかり，電磁波が横波であることが確認できる．

2.1.2　物質中のマクスウェル方程式

さて，本書の主題は光と物質の相互作用の理解にあり，その最も基本となるのが，物質中のマクスウェル方程式である．物質は原子，すなわち電子や原子核 (イオン) といった電荷をもった粒子からなる．電荷が存在するとガウス (Gauss) の法則によって電場が発生し，電荷が運動する (電流が流れる) とアンペール (Ampère) の法則により磁場が発生する．これらの効果を真空中のマクスウェル方程式に追加したものが，物質中のマクスウェル方程式であり，具体的には以下の 4 つの方程式からなる．

$$\begin{aligned}
\nabla \cdot \boldsymbol{E} &= \frac{\rho}{\varepsilon_0} \\
\nabla \cdot \boldsymbol{B} &= 0 \\
\nabla \times \boldsymbol{E} &= -\frac{\partial \boldsymbol{B}}{\partial t} \\
\nabla \times \boldsymbol{B} &= \mu_0 \left(\varepsilon_0 \frac{\partial \boldsymbol{E}}{\partial t} + \boldsymbol{j} \right)
\end{aligned} \quad (2.4)$$

$\rho(\boldsymbol{r}, t)$ と $\boldsymbol{j}(\boldsymbol{r}, t)$ はそれぞれ電荷密度と電流密度である．

一方，電磁場は電子やイオンといった荷電粒子 (電荷 q，速度 $\boldsymbol{v}$) に対してローレンツ力

$$\boldsymbol{F} = q(\boldsymbol{E} + \boldsymbol{v} \times \boldsymbol{B}) \quad (2.5)$$

を通して働きかける．したがって電荷の運動と発生する電磁場は互いに矛盾がないよう解を求めなくてはならないが，これを計算することは実際のところ不可能である．本書で扱う電磁波はいわゆる光 (可視光)，あるいはそれよりもエネルギーの低い電磁波であるので，電磁場の空間的な変化，すなわち波長は原子の大きさと比較するとずっと大きい．つまり固体を構成する個々の電子やイ

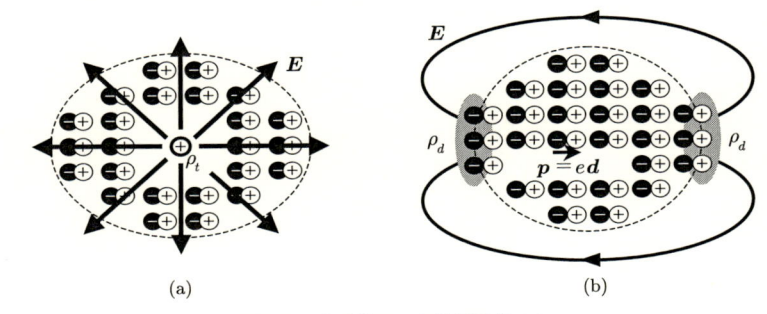

図 2.2 　真電荷 (a) と分極電荷 (b)

オンを 1 つずつばらして扱う必要はなく,「波長よりは十分に小さい」といえる程度の領域であればその中で平均化した扱いが許される.

　では,この平均化を行うと物質中のマクスウェル方程式 (2.4) はどのように書き換えられることになるであろうか. 図 2.2 を用いて説明したい. 平均化を行う領域に多数の電子と原子核が存在する. マクスウェル方程式 (2.4) に現れる電荷 ρ は, 平均化しても残る余分な電子 (真電荷と呼び, その密度を ρ_t と書く) だけのように思われるが, 電子と原子核の相対位置にずれ (電気双極子) が生じている場合は, これもきちんと取り込まなくてはならない. 電気双極子が存在する場合, 平均化領域内でその電荷の総和はゼロとなるが, それらが生み出す電場は足し算してもゼロにはならないからである. 電気双極子の向き, 大きさを定量的に表したものが電気双極子モーメント p であり, 負電荷 (電子) から見た正電荷 (原子核) の相対位置ベクトル d を用いて以下のように定義されている.

$$p = ed \tag{2.6}$$

ここで e は電子の電荷である. さらに単位体積あたりの電気双極子モーメントを分極 P と呼び, この P を用いると平均化した電荷密度は $-\nabla \cdot P$ と表され, これは分極電荷 (ρ_d と書く) と呼ばれる. まとめると, マクスウェル方程式に現れる電荷 ρ は以下の 2 つの成分からなる.

$$\rho = \rho_t + \rho_d = \rho_t - \nabla \cdot P \tag{2.7}$$

　一方, 電流 j については, 平均化によって残る, 自由に動ける電荷による電

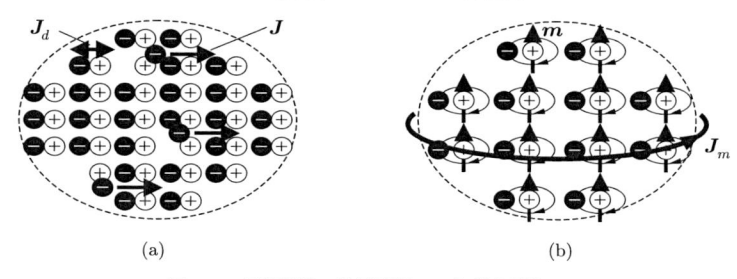

図 2.3 伝導電流・分極電流 (a) と磁化電流 (b)

流 (伝導電流 $\boldsymbol{J}$) だけでなく，上で考慮した分極が時間的に変化することによって生じる電流も取り込まなくてはならない (図 2.3(a))．この電流を分極電流 $\boldsymbol{J}_d$ と呼び，分極 $\boldsymbol{P}$ とは $\boldsymbol{J}_d = \partial \boldsymbol{P}/\partial t$ の関係にある．さらに電子は原子核の周りを運動し，また自転運動もしている (図 2.3(b))．これらも微視的には電流 (ループ電流) と見なされる．その平均値はゼロとなるが，個々のループ電流が源となって発生する磁場の総和は必ずしもゼロとはならない．上と同様に，磁気双極子モーメント $\boldsymbol{m}$ を定義することによりループ電流を定量的に表す．$\boldsymbol{m}$ の大きさは電流の大きさとループの面積の積であり，その方向はループに垂直である．さらに単位体積あたりの磁気双極子モーメントである磁化 $\boldsymbol{M}$ を定義すると結局，平均化した電流は以下のような 3 つの項からなる．

$$\boldsymbol{j} = \boldsymbol{J} + \boldsymbol{J}_d + \boldsymbol{J}_m = \boldsymbol{J} + \frac{\partial \boldsymbol{P}}{\partial t} + \nabla \times \boldsymbol{M} \tag{2.8}$$

電束密度 $\boldsymbol{D}$ と磁場 $\boldsymbol{H}$ は分極 $\boldsymbol{P}$，磁化 $\boldsymbol{M}$ と以下のような関係にあり，

$$\begin{aligned}\boldsymbol{D} &= \varepsilon_0 \boldsymbol{E} + \boldsymbol{P} \\ \boldsymbol{B} &= \mu_0 \boldsymbol{H} + \mu_0 \boldsymbol{M}\end{aligned} \tag{2.9}$$

物質中のマクスウェル方程式は以下のとおりとなる．

$$\begin{aligned}\nabla \cdot \boldsymbol{D} &= \rho_t \\ \nabla \cdot \boldsymbol{B} &= 0 \\ \nabla \times \boldsymbol{E} &= -\frac{\partial \boldsymbol{B}}{\partial t} \\ \nabla \times \boldsymbol{H} &= \frac{\partial \boldsymbol{D}}{\partial t} + \boldsymbol{J}\end{aligned} \tag{2.10}$$

真空中のマクスウェル方程式に現れなかった D, H, J が電荷や電流の存在を反映している．それぞれを以下のように表記すると，

$$D = \varepsilon E$$
$$B = \mu H \qquad (2.11)$$
$$J = \sigma E$$

物質の性質は誘電率 ε，透磁率 μ，および電気伝導度 σ の中に押し込めることができる．

さて少し考察を進めて，上記のマクスウェル方程式を簡略化してみたい．まず，電磁波が電荷に及ぼすローレンツ力 (2.5) を考えると，$|E|/|B| = c$ であることから，電場の作用と磁場の作用の比は $|v|/c$ となる．この値は 1 よりもはるかに小さい．したがって，電磁波の電場と磁場では，電場の方が圧倒的に電子の運動に与える影響が大きい．したがって磁化の発生は無視することができるため，透磁率 μ は真空の透磁率 μ_0 で置き換えてかまわない[*1]．また，真電荷 ρ_t については，時間とともに減衰するか，静的な効果しかもたないために，$\rho_t = 0$ とおくことに支障はない．さらに，ここでは電磁波を考えており，伝導電流も分極電流も光電場と同じ周波数で振動するので，1 つにまとめて考えることができる．つまり，$E = E_0 \exp[i(k \cdot r - \omega t)]$ とすると，$\partial D/\partial t + J = (-i\omega\varepsilon + \sigma)E$ となり，$\partial E/\partial t = -i\omega E$ と合わせると，$\partial D/\partial t + J = (-i\omega\varepsilon + \sigma)/(-i\omega)(\partial E/\partial t)$ と書き換えることができる．$\tilde{\varepsilon} = \varepsilon + i\sigma/\omega$ と定義すると，物質中のマクスウェル方程式は以下のようになる．

$$\nabla \cdot E = 0$$
$$\nabla \cdot B = 0$$
$$\nabla \times E = -\frac{\partial B}{\partial t} \qquad (2.12)$$
$$\nabla \times B = \tilde{\varepsilon}\mu_0 \frac{\partial E}{\partial t}$$

真空中の方程式と比較すると，唯一違うのは ε_0 が $\tilde{\varepsilon}$ に置き換わった点だけで

[*1] 磁性体であっても，光の周波数の領域では磁化は磁界の変化に追従できないため，この置き換えが許される．

ある. $\tilde{\varepsilon}$ は複素誘電率と呼ばれる. 以上まとめると，物質，すなわち荷電粒子の存在は $\rho_t, \boldsymbol{P}, \boldsymbol{J}, \boldsymbol{M}$ を通してマクスウェル方程式に入り込んでいたが，光の領域の電磁波を扱う限り ρ_t と $\boldsymbol{M}$ の効果は無視でき，$\boldsymbol{P}$ と $\boldsymbol{J}$ からの寄与を 1 つにまとめることにより，すべてを複素誘電率に押し込めることができたというわけである.

複素誘電率は物質固有の定数であり，主な物質についてはハンドブックなどを調べることによりその値を知ることができる. 値が具体的にわかれば，(2.12)式から導かれる真空中のものとよく似た波動方程式と電磁場の境界条件により，光の反射，屈折，吸収を理解し，さらに反射率，透過率などを具体的に計算することができる. これらの考え方や計算方法の詳細は本シリーズの第 1 巻を参照していただきたい. ここでは以下の重要な光学定数の関係を確認するにとどめる.

$$\sqrt{\frac{\tilde{\varepsilon}}{\varepsilon_0}} = n + i\kappa$$
$$\alpha = \frac{2\omega\kappa}{c} \tag{2.13}$$

n, κ, α はそれぞれ屈折率，消衰係数，吸収係数と呼ばれる.

2.2 電場による物質中の電子の運動のモデル化

2.2.1 ローレンツモデル

ハンドブックなどで複素誘電率の値を調べると，それが波長に依存すること，つまり波長とともに屈折率が変化したり，ある特定の波長で吸収係数が大きくなるといった振る舞いをすることを知ることができる. 光に対する物質の応答の起源は，先に説明したとおり荷電粒子 (電子やイオン) の運動，すなわち伝導電流や分極電流である. たとえば，絶縁体や半導体では分極振動の振幅や位相遅れが光の周波数 (波長) とともにどのように変化するかを考えることになる. 正しい理解は量子力学を用いなければならないが，物質を古典的な振動子の集合体と見なすという簡単なモデルでも基本的なことは理解できるので，ここではその扱い方について説明したい.

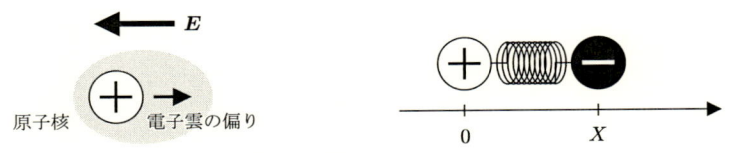

図 2.4 電場による原子の分極とローレンツモデル

　原子は原子核と電子からなり，電子は原子核の周りにまとわりついて運動する雲のような存在である (図 2.4)．この原子に光があたると (電場がかかると)，電子の雲の位置が原子核に対して相対的にずれる．すなわち電気双極子が形成される．ここで電子と原子核の間には復元力が働く．そこで電子を，この雲の中心位置に存在する古典的な点電荷と見なし，電気双極子を原子核と電子をバネでつないだ調和振動子として扱うことにする．このようなモデルはローレンツモデルと呼ばれている．このモデルでは，物質を構成する個々の原子とこの調和振動子を必ずしも一対一に対応させるわけではないが，以下では具体的なイメージが湧きやすくなるように，原子そのものを調和振動子で置き換えることにする．原子核は電子よりもはるかに重いので，その位置は振動の際に変化しないと見なし，その位置を x 軸の原点にとる[*2]．電子の位置を X，外から照射する光電場を $E_0 \exp(-i\omega t)$ として電子の運動方程式を書くと以下のようになる．

$$m\left(\frac{d^2 X}{dt^2} + \gamma \frac{dX}{dt} + \omega_0{}^2 X\right) = -eE_0 \exp(-i\omega t) \quad (2.14)$$

ここで m と e はそれぞれ電子の質量と電荷であり，ω_0 は原子核と電子をつなぐバネの固有角周波数である．左辺の第 2 項は電子に働く摩擦力に相当する項であり，γ はこの摩擦による減衰の強さを表すパラメータである．摩擦項の起源は格子の振動による電子の散乱などであるが，その詳細についてはここでは立ち入らない．電子は外から照射された光電場によって同じ角周波数 ω で強制振動するので，$X = X_0 \exp(-i\omega t)$ と書くことができ，運動方程式の解は以下のようになる．

$$X_0 = \frac{-eE_0/m}{\omega_0{}^2 - \omega^2 - i\omega\gamma} \quad (2.15)$$

大まかに電子の運動の特徴をまとめておく．まず摩擦項の存在のために，解は

[*2] そのように考えずに以下の X を原子核に対する電子の相対変位と考えてもかまわない．

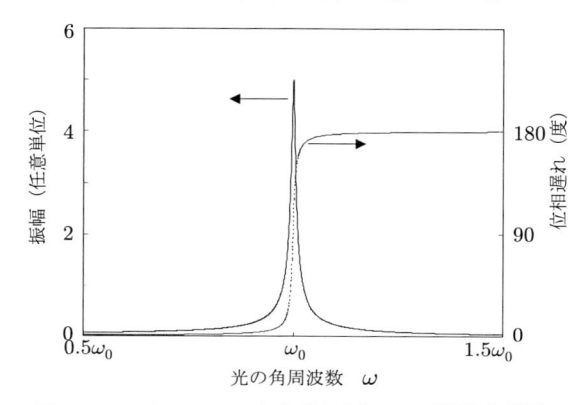

図 2.5 ローレンツモデルにおける変位 $\boldsymbol{X}$ の振幅と位相遅れ

複素数になっており，電場の振動に対して位相の遅れが生じている．電磁場の周波数が低い場合は位相遅れは小さいが，共鳴周波数の近傍で徐々に位相遅れが大きくなり，周波数が十分に高い場合，位相は 180° 遅れる．また共鳴近傍では振動の振幅が大きくなる．これらを図示したものが図 2.5 である．

電子から見た原子核の変位 $-\boldsymbol{X}$ と電子の電荷の大きさ e を掛け合わせたものが 1 つの振動子がもつ双極子モーメントである．単位体積あたりの双極子モーメントが分極であるから，振動子の密度を N とすると，分極は $\boldsymbol{P} = -eN\boldsymbol{X}$ と与えられ，(2.11) 式で定義される誘電率は以下のように書き表される．

$$\varepsilon = \varepsilon_0 + \frac{Ne^2/m}{\omega_0{}^2 - \omega^2 - i\omega\gamma} \tag{2.16}$$

ただし ε_0 は本来，着目している振動子以外の振動子からの寄与，特に ω_0 よりも高い共鳴周波数の振動子が静的に分極することによる背景誘電率と考えなくてはならない[*3]．この誘電率を実部と虚部に分け，それぞれを光の周波数の関数としてグラフ化したのが図 2.6 であり，共鳴周波数付近で屈折率は大きく変化し，摩擦項に起因した吸収が存在することがわかる．さらに屈折率と消衰係数についてグラフ化したのが図 2.7 である．

先に述べたように，上記の振動子は本来，原子そのものを直接モデル化したものではない．固体の中では電子は個々の原子に属するのではなく，結晶全体

[*3] 共鳴周波数が ω_0 よりも低い振動子は，ω_0 近傍の電場の振動に追随できず，ほとんど分極を起こさない．

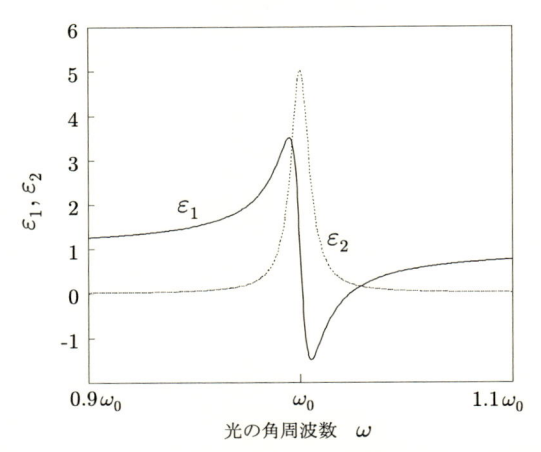

図 2.6　ローレンツモデルによって計算した誘電率の実部 ε_1 と虚部 ε_2

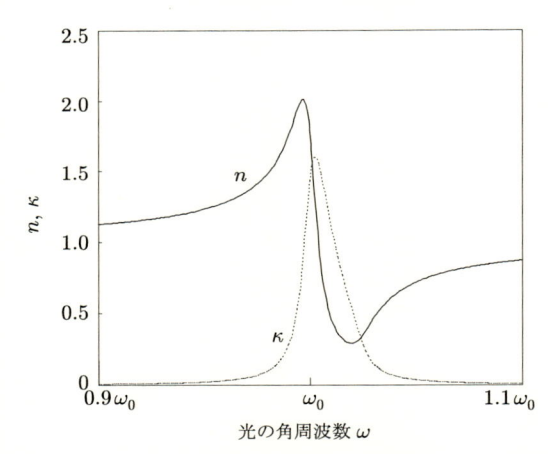

図 2.7　ローレンツモデルによって計算した屈折率 n と消衰係数 κ

に広がっており，さらに電子と正孔が相互作用する結果，様々な形態の電子励起が存在する．ただしそれぞれの励起はある固有周波数をもった振動子として置き換えることができる．ローレンツモデルはこのような一般化された概念である．したがって，固体はいろいろな固有周波数をもった振動子の集合と考えることができるが，固有角周波数ごとに振動子がどの程度の割合で存在しているかを表すパラメータが必要である．それがよく用いられる振動子強度であり，固有角周波数 ω_j をもつ振動子の振動子強度を f_j と書くと，先の誘電率は以下

のように一般化された形で書くことができる．

$$\varepsilon = \varepsilon_0 + \sum_j \frac{Ne^2/m}{\omega_j{}^2 - \omega^2 - i\omega\gamma_j} f_j \tag{2.17}$$

振動子強度が大きい遷移は，大きな分極が誘起され，光に対して強く応答することを意味する．

ここでは電場による電子雲と原子核の相対運動を調和振動子で置き換えて説明したが，イオン結晶などにおける正，負に帯電した原子間の相対変位による分極もまったく同様にモデル化できる．電子との大きな違いは運動する荷電粒子がともに原子であり，電子と比べて質量が大きく，固有角周波数が低いというところにある．つまり電子励起よりもずっと周波数の低い光 (電磁波) に対して強く応答する．

2.2.2 ドルーデモデル

前項では絶縁体，すなわち伝導電流が存在せず，分極電流が電磁波に対する応答の源である場合を考え，束縛された電子の運動を調和振動子でモデル化した．では，導体の場合はどのように扱えばよいであろうか．金属やドープされた半導体の中には自由に動き回れる電子が存在し，伝導電流が流れる．この自由電子の光電場中の運動は，先のローレンツモデルにおける復元力，つまりバネを取り去った運動方程式で記述されることは容易に理解いただけると思う．このようなモデルはドルーデモデルと呼ばれている．するとその解も先の (2.16) 式において $\omega_0 = 0$ とおいたものとなる．改めて書くと，

$$\tilde{\varepsilon} = \varepsilon_0 - \frac{Ne^2/m}{\omega(\omega + i\gamma)} \tag{2.18}$$

となる．ただし伝導電流による寄与を含んだ複素誘電率 $\tilde{\varepsilon}$ を考えていることに注意されたい．これを実部と虚部に分けて，$\omega \to 0$ の極限を考えてみると，電気伝導度に対して $Ne^2/\gamma m$ という表式が得られる．固体物理の教科書において電気伝導度を計算する際，電子が格子振動やイオン化不純物などに散乱される効果を摩擦として扱い，平均自由時間 (散乱を受けてから次の散乱までの平均時間) というパラメータで取り込んだことを思い出していただきたい．する

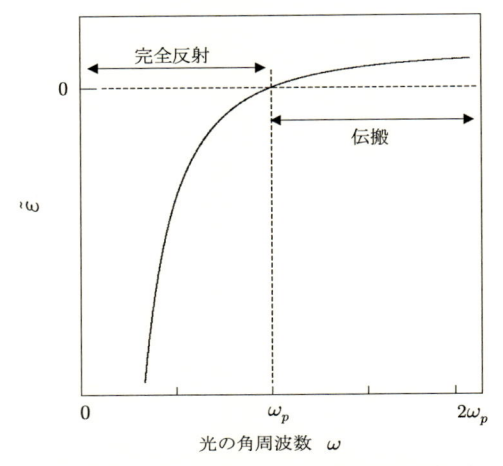

図 2.8　ドルーデモデルによって計算した複素誘電率

と摩擦の大きさを表すパラメータ γ は，この平均自由時間の逆数に相当することがわかる．つまり γ は散乱の頻度を表している．光の周波数では，平均自由時間の間に電子は何周期も振動することができるので，とりあえず $\gamma = 0$ として散乱の効果を無視し，導体の光学応答の本質的な点を抽出してみる．まずプラズマ角周波数 ω_p を以下のように定義する．

$$\omega_p = \sqrt{\frac{Ne^2}{m\varepsilon_0}} \tag{2.19}$$

すると導体の (複素) 誘電率は次のような形になる．

$$\tilde{\varepsilon} = \varepsilon_0 \left(1 - \frac{\omega_p{}^2}{\omega^2}\right) \tag{2.20}$$

この式から導体に関する以下の重要な性質が理解できる．図 2.8 に示すように光の角周波数がプラズマ角周波数 ω_p よりも小さい場合，誘電率は負の実数となり，屈折率は純虚数となる．すると光電場は導体中で指数関数的に速やかに減衰し，内部まで侵入することができない．また電子の散乱の効果，すなわち摩擦を考えていないので導体内での光の吸収も起こらない．したがって光はすべて表面で反射されることがわかる．一方，光の角周波数が ω_p よりも大きい場合は，屈折率は実数となり，導体内に光が侵入し伝搬できる．つまり導体ら

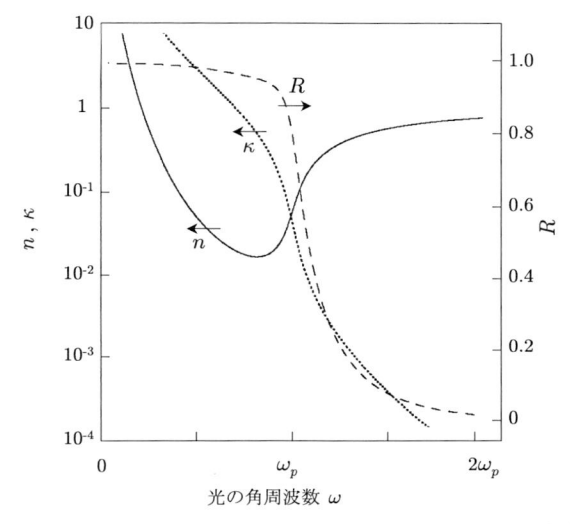

図 2.9　ドルーデモデルによって計算した屈折率，消衰係数，反射率

しい性質はもはや示さない．実際の金属では電子の散乱は決して無視できず，$\gamma \neq 0$ である．γ として有限な値を仮定し，屈折率，反射率を計算した結果を図 2.9 に示す．

　プラズマ角周波数は縦波の自由振動の固有角周波数でもある．自由電子の分極によって反電場が発生し，その反電場が分極の復元力として働くという，分極と反電場が結合しているモードである．自由電子の密度が高いほどこの復元力は大きくなり，自由振動の角周波数，すなわちプラズマ角周波数が高くなる．一方プラズマ角周波数においては誘電率が 0，すなわち屈折率が 0 となる．これは $n = kc/\omega = c/\lambda\nu$ より，導体中で波長が無限大であることを意味する．つまり，すべての電子が同位相で集団的に運動することがわかる．

　なお，プラズマ角周波数以下の光が強く反射されるので，プラズマ角周波数が可視領域に存在する金のような金属は色づいて見えることになる．ただし，実際の金属では束縛された電子の振動 (バンド間遷移) も光学応答に寄与するため，色を正しく理解するにはドルーデモデルとローレンツモデルの両方を取り入れたモデルで考える必要がある．

2.3 電磁固有モード

ここまでは，絶縁体と導体のそれぞれについて古典的な振動子モデルを用い，誘電率が光の周波数の関数としてどのように変化するかを眺めた．振動子すなわち振動する電荷は再び電磁波を放出し，外から照射された光と干渉する．しかもその位相関係は周波数とともに変化する．実際の固体では，このような振動子が規則的に並び，振動が波として伝わる．振動子(分極)の波と電磁波は独立ではないため，それらはつじつまの合った連成波になっていなくてはならない．必要以上に複雑さを誇張したが，誘電率が激しく変化する共鳴近傍以外では，外から照射された光と分極からの2次波の干渉は，単に屈折率分の波長や光速の変化として表される．これはよく見慣れた媒質中の電磁波である．一方，共鳴周波数近傍では誘電率が発散したり(非常に大きくなったり)，0になったりといったことが起こり，連成波も複雑な振る舞いを示す．このような物質の分極と電磁波が連成してできる電磁波の固有モードの概要は，これまでにモデル化した誘電率を用いてマクスウェル方程式を解くことにより知ることができる．また，誘電率が負の値をとることに起因して，表面にのみ発生する表面波という固有モードが現れることも興味深い．

2.3.1 ポラリトン

物質中の分極波と電磁波の連成波である電磁固有モードの分散関係を，マクスウェル方程式から導出する．固有モードの波数を k，角周波数を ω とすると，マクスウェル方程式は，

$$\mathrm{div}\boldsymbol{D} = \mathrm{div}[\varepsilon(\omega)\boldsymbol{E}] = i\varepsilon(\omega)\,\boldsymbol{k}\cdot\boldsymbol{E} = 0 \tag{2.21}$$

となる．この方程式の解は2種類あり，1つは $\boldsymbol{k}\cdot\boldsymbol{E}=0$ を満たす解，すなわち横波モードである．もう1つは分極との連成モードに固有である縦波モードである．$\varepsilon(\omega)=0$ を満たす周波数 $\omega=\omega_L$ では $\boldsymbol{k}\cdot\boldsymbol{E}=0$ を満足する必要はなく，縦波の存在が許される．

2.2.2項でも簡単に触れたが，縦波モードは物質の分極とその反電場とが結合

2.3 電磁固有モード

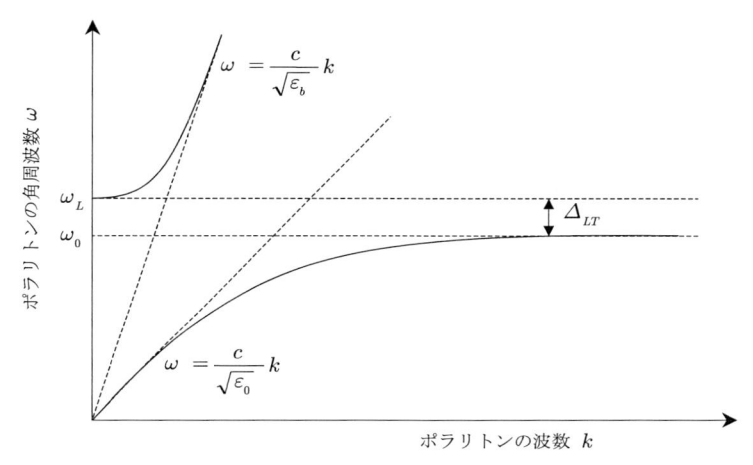

図 2.10 励起子ポラリトンの分散関係

したモードである．具体的な理解を深めるため，少々単純化して考える．ローレンツモデルで導出した誘電率 (2.17) において緩和による摩擦項を無視し，$\gamma = 0$ と近似すると，縦波モードの周波数は

$$\omega_L = \sqrt{\omega_0^2 + \frac{4\pi N e^2}{\varepsilon_b m} f} \tag{2.22}$$

と書くことができる．ただし，特定の振動子 (振動子強度 f) に着目し，それ以外の振動子の寄与は ε_0 とあわせて ε_b に取り込んでいる．縦波モードの周波数は，共鳴周波数 (ω_0) よりも大きな値となっており，その差

$$\Delta_{LT} \approx \frac{2\pi N_0 e^2}{\varepsilon_b m^* \omega_0} f \tag{2.23}$$

は反電場シフトあるいは LT ギャップ (縦波モード L と横波モード T のエネルギー差) と呼ばれ，光と分極の相互作用の強さ，すなわち振動子強度の大きさの目安を与える．

一方，マクスウェル方程式より，横波モードの分散関係は

$$\varepsilon(\omega) = \frac{c^2 k^2}{\omega^2} \tag{2.24}$$

となることがわかる．引き続き緩和過程を無視したローレンツモデルによる誘

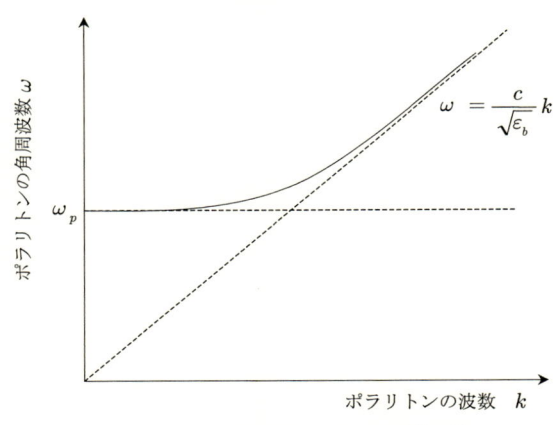

図 2.11　プラズモンポラリトンの分散関係

電率を用いると，この分散関係は図 2.10 のようになる．$\omega \gg \omega_0$ では背景誘電率 ε_b をもつ媒質中での分散関係，$\omega \ll \omega_0$ では，背景誘電率 ε_b と着目している振動子による静的分極の和 (ε_0) をもつ媒質中での光の分散関係となっており，それぞれの傾きが物質中での光速を表している．しかし共鳴周波数近傍では，分極が大きく誘起され，分極波と電磁波が連成波 (ポラリトン) を形成することによる特異な振る舞いが顕著に現れる．その結果，分散関係が通常の光のそれから大きくはずれる．ω_0 近傍では誘電率が非常に大きくなり，その結果ポラリトンの波数が大きくなり，また伝搬速度は遅くなる．一方 ω_L では誘電率の値は 0 であり，ポラリトンの波数は小さく，伝搬速度は速い．また，$\omega_0 < \omega < \omega_L$ では誘電率が負となるため，金属の場合と同様に，光は媒質中を伝わることができず，完全な反射を起こす．

なお，ここでは束縛された電子による分極を起源としたポラリトン (励起子ポラリトン) を説明したが，フォノンによる分極 (2.4.7 項を参照)，自由電子による分極をそれぞれ起源とするものはフォノンポラリトン，プラズモンポラリトンと呼ばれる．フォノンポラリトンについては，誘電率が形式的に励起子と全く同じなので，フォノンポラリトンの分散関係もこれまでの説明で十分理解いただけると思う．また，励起子ポラリトンにおける ω_0 を 0 としたものがプラズモンポラリトンである．ここでは分散関係を図示するにとどめる (図 2.11)．

2.3.2 表面波モード

2.3.1 項では物質内部を伝わる分極と電磁波の連成波について考察した．ここでは，物質表面にのみ局在する (表面から物質側，真空側いずれにも電場が指数関数的に減衰する) 波について説明する．表面だけでなく，界面に局在する電磁波も含めた議論をするため，誘電率 $\varepsilon_1(\omega)$, $\varepsilon_2(\omega)$ をもつ媒質 1, 2 の境界に局在する電磁固有モードを考える．図 2.12 のように境界面に平行，垂直な電場ベクトル，波数ベクトルをそれぞれ定義すると，各電場成分は以下の境界条件を満たす．

$$E_{1/\!/} = E_{2/\!/}$$
$$\varepsilon_1(\omega)E_{1\perp} = -\varepsilon_2(\omega)E_{2\perp} \qquad (2.25)$$

これらとマクスウェル方程式より，以下の関係式が得られる．

$$\frac{k_{1\perp}}{\varepsilon_1(\omega)} + \frac{k_{2\perp}}{\varepsilon_2(\omega)} = 0 \qquad (2.26)$$

媒質 1，媒質 2 のどちら側にも指数関数的に減衰するモードが存在するためには ($k_{1\perp}$, $k_{2\perp}$ の両者が同符合の虚数となるためには)，$\varepsilon_1(\omega)$, $\varepsilon_2(\omega)$ のいずれかが負でなくてはならない．つまりこれが界面に局在するモードが存在するための必要条件である．誘電率が負になるのは，金属のプラズマ周波数以下の領域，あるいは励起子ポラリトン，フォノンポラリトンの LT ギャップの領域である．これらを起源とする表面波を表面プラズモンポラリトン，表面励起子ポラリトン，表面フォノンポラリトンと呼ぶ．

それぞれの媒質における波数の保存則

$$k_{/\!/}^2 + k_{1\perp}^2 = \varepsilon_1 k_0^2, \quad k_{/\!/}^2 + k_{2\perp}^2 = \varepsilon_2 k_0^2 \qquad (2.27)$$

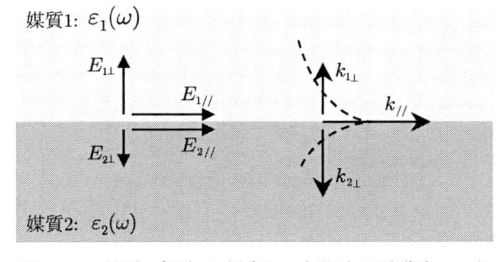

図 2.12　界面 (表面) に局在して伝搬する電磁波モード

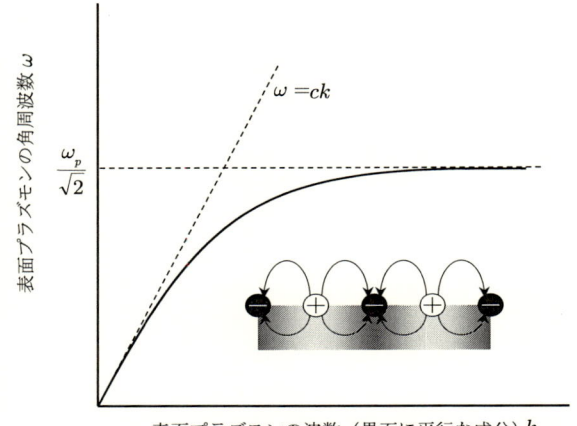

図 2.13 表面プラズモンの分散関係

より，以下の分散関係が導かれる．

$$k_{/\!/}^2 = \frac{\varepsilon_1 \varepsilon_2}{\varepsilon_1 + \varepsilon_2} k_0^2 \quad (2.28)$$

$\varepsilon_1, \varepsilon_2$ のいずれかが負であることから，$\varepsilon_1 + \varepsilon_2$ も負であることが要請される．この (2.28) 式が表面波の分散関係である．

ここで，具体的に分散関係をみるために，媒質 1 を空気 (真空)，媒質 2 を金属とし，ドルーデモデルの摩擦項を無視した ($\gamma = 0$ とした) 誘電率 $\tilde{\varepsilon}(\omega) = 1 - \omega_p^2/\omega^2$ を適用すると，表面プラズモンポラリトンの分散関係は図 2.13 のようになる．図に示したように表面波は電荷の疎密波を伴い，電場ベクトルは波の進行方向に対して平行な成分，垂直な成分の両者をもつ．$\omega < \omega_p/\sqrt{2}$ の範囲で表面プラズモンモードが存在し，これは $\varepsilon_1 + \varepsilon_2 < 0$ という上で述べた要請と対応している．表面波の波数はつねに真空中の光の波数よりも大きくなっていることに注意していただきたい．電場はこの電荷疎密波が源となって発せられるが，その周期が真空中の光の波長よりも細かいために，真空中を遠方まで伝わる光を放つことができない[*4]．また逆に言うと，真空側から金属の表面に光を照射しても表面プラズモンは励起されない．これらのことは図 2.13 において点線で示した真空中を伝搬する光の分散関係が，表面波の分散関係と

[*4] 波長よりも細かな周期をもつ回折格子からは回折光は生じないことを思い出していただくとよい．

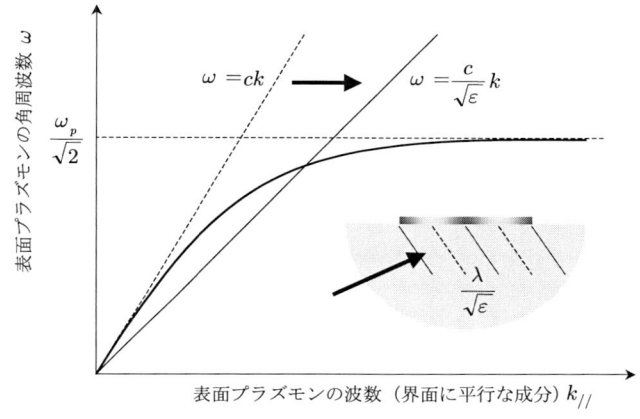

図 2.14 表面プラズモンの励起方法

交わりをもたないことと対応している．

　表面プラズモンを励起するために実際によく用いられる方法は，図 2.14 のように誘電体，空気，金属の 3 層構造を用意し，誘電体 (例えばガラス) 側から光を照射するというものである．誘電体内では，光の波数が屈折率 ($n = \sqrt{\varepsilon}$) 倍だけ大きくなるので，図 2.14 の光の分散関係を表す直線の傾きが小さくなり，表面プラズモンの分散関係と交わりをもつ．この交点を満たす正確な共鳴励起を行うために，入射角度，あるいは励起波長を微調整する．また，ここでは媒質 1 を空気としたが，この媒質 1 の屈折率 (誘電率) が変わると，表面プラズモンの分散関係がシフトし，共鳴励起条件も変化する．したがって，媒質 1 として液体やガスといった環境で共鳴励起計測を行うと，非常に感度の高いセンシングが可能である．

2.4　固体のバンド理論の基礎

2.4.1　エネルギーバンド

　伝導電子が主役である金属の振る舞いは，個々の伝導電子の運動方程式を直接扱うドルーデモデルで直感的にも定量的にもおおよそわかったと感じられる．しかし絶縁体，半導体の場合，個々の原子を直接古典振動子で置き換えているわけではない．固体中の電子は，構成要素である 1 つ 1 つの原子に個別に束縛

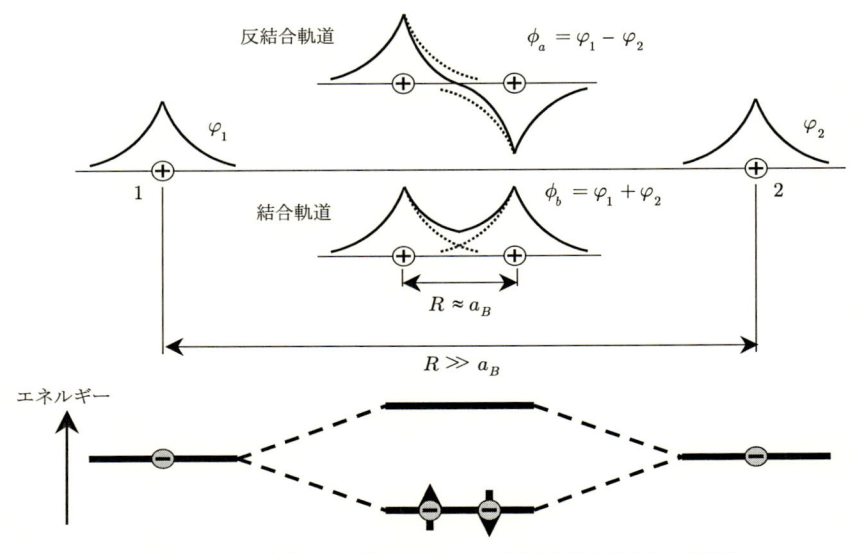

図 2.15 2つの水素原子が接近し，結合・反結合軌道が形成される様子

されているのではなく，すべての原子を渡り歩く広がった存在である．したがって古典振動子との対応は必ずしも直感的ではない．この結晶全体に広がった電子という概念をイメージすることが固体の光物性を理解する第一歩である．

　固体は無数の原子の集合体であるが，まずは2つの原子が接近することによって電子状態がどのように変わるかを確認しておく．ここでは簡単のために水素原子の 1s 軌道の電子で考えてみることにする．2つの水素原子が 1s 軌道の波動関数 (φ_1, φ_2) が重なる程度 (ボーア半径 a_B 程度) に接近すると，電子の軌道が図 2.15 のような，2つの原子にまたがった新しい軌道に変化する．軌道 ϕ_b の方は2つの水素原子核 (つまり陽子) の間に電子が存在する確率が高い軌道である．陽子同士には反発力が働くが，陽子間に電子が入ると，電子が接着剤として互いを引き付ける役割を果たす．間に電子がいる場合，陽子同士の距離が短い方が引力は強くなる．しかしあまり近すぎると電子がそれだけ狭い領域に存在しなければならず，運動エネルギーが大きくなり，かえって全体のエネルギーが増加してしまう (電子が狭い領域に存在するためには，自分の波長を短くし (運動エネルギーを高め)，干渉による消滅を避けなければならない)．つまり，最もエネルギーが低くなるちょうどよい陽子間距離が存在することになる．

2.4 固体のバンド理論の基礎

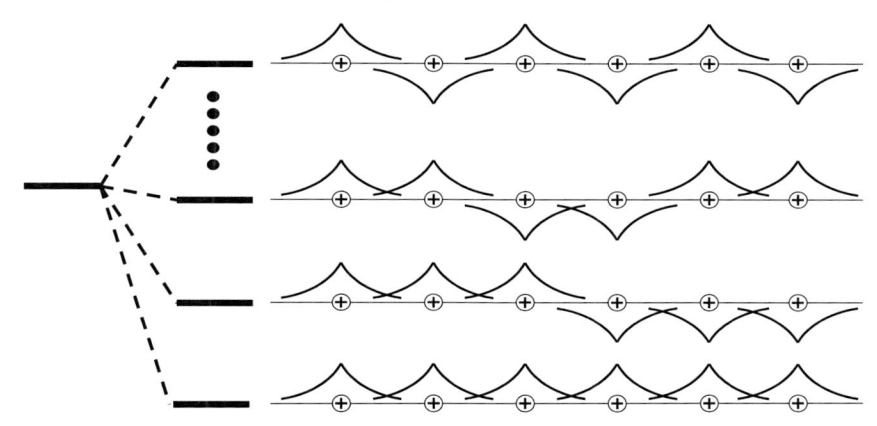

図 2.16 6 つの水素原子が接近して形成する軌道 (4 番目と 5 番目の軌道は省略)

ϕ_b は結合軌道と呼ばれる (添字 b は bonding の頭文字). もう 1 つの軌道 ϕ_a は, 反結合軌道と呼ばれ (添字 a は anti-bonding の頭文字), 電子が陽子間に存在する確率が低く, 陽子間の反発力が強く働くような軌道である. さて, 今 2 つの水素原子を考えているので, 電子の数も 2 個である. エネルギーの低い軌道 ϕ_b に電子は 2 つとも入ることができるので, 全体のエネルギーは 2 つの水素原子が孤立しているときよりも低下する. これが水素分子が安定に存在するメカニズムである.

では, 水素原子の数を少し増やしてみる. 6 つの水素原子の場合はおおよそ図 2.16 のようになる. 最もエネルギーの低い電子状態は原子核間に必ず電子が存在し, それらが原子核同士を結合させる接着剤として働く. 2 番目に低い状態は, 中央部を境に波動関数の符号が反転している. 中央部では水素原子間に電子が存在しないため, その分だけエネルギーが高くなっている. 3 番目以降も同様に考えることができる. 波動関数の符号が反転する箇所 (節), すなわち水素原子間に電子が存在しない場所が増えていき, エネルギーが順に高くなっていく.

一般に N 個の原子が並ぶ場合は, N 個の電子状態に分かれる. 最低エネルギーの電子の波動関数は節がなく, 最もエネルギーの高い電子の波動関数では節の数が $N-1$ である. 図 2.17 に示すように, 通常の固体は N が十分大きく, 個々の電子状態間のエネルギー差は非常に小さい (最低エネルギーと最高エネ

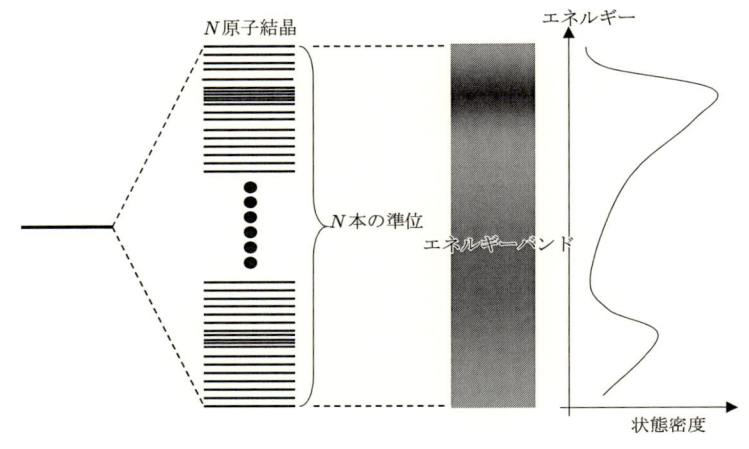

図 2.17　エネルギーバンドの概念図

ルギーの差は，N の値によってあまり大きく変化しないので，電子状態間のエネルギー間隔は N の増大とともに小さくなる）．さらに，それぞれの電子状態はそのエネルギーにボケがあるため，結局無数の電子状態の集合はエネルギー的に連続的な帯（エネルギーバンド）と見なすのが適当である．これは，有限の太さの鉛筆でたくさんの線を引いていくと最終的には全体が塗りつぶされる様子とよく似ている．ただし，一般にバンドの中では線の密度（状態密度という）は一様ではなく，塗りつぶされているといっても濃淡があることを理解しておく必要がある．

　エネルギーバンドの幅は個々の材料で決まった値をとるが，上の水素原子で眺める限り原子間隔がそれを決定している．つまり原子が互いに接近しているほど，電子が接着剤として機能している場合とそうでない場合のエネルギー差は大きくなる．多数の水素原子からなる固体を考えると，原子間隔が狭いほど，バンド全体の幅は広くなる．原子同士が離れているときは，電子はそれぞれの原子に属し，局在しているという見方が適当であるのに対し，その距離が小さくなるとむしろ電子はすべての水素原子にまたがって存在している（非局在）と見なすのが妥当である．この局在・非局在の程度は，電子の結晶中での動きやすさ，すなわち電子の質量（2.4.4 項で説明する有効質量）と直接結びつく．以上より，エネルギーバンドの幅と電子の動きやすさには密接な関係があること

2.4.2 シリコンと化合物半導体

2.4.1項ではエネルギーバンドの概念を理解するために，水素原子が集合して形成する最も簡単な固体を想定した．しかし工学上重要なシリコンや化合物半導体の場合は，電子状態はもう少し複雑であり，原子のs軌道だけでなくp軌道も関与してくる．ここでは炭素(ダイヤモンド)を例に挙げて詳しく説明したい．ただし，以下の2s, 2pを3s, 3pに置き換えれば，シリコンも同様に理解できる．図2.18は炭素原子間の関数として，エネルギーバンドが形成されていく様子を表している．原子間隔が十分に大きい領域では，孤立した原子がもつエネルギー準位が線で描かれている．ここでは2s軌道と2p軌道のみが示されており，1s軌道は原子同士の結合を理解する上でさほど重要ではないので省略されている．

原子の接近に伴い，まず2p軌道同士が重なり，エネルギーバンドが形成されはじめる．2p軌道よりも空間的な広がりが小さい2s軌道はやや遅れてバンドが形成される．原子同士がさらに接近し，2s軌道，2p軌道のバンドが十分に広がると，相互に重なりを持ちはじめる．これはs軌道，p軌道という区別が意味をもたなくなり，それらが混ざり合って新しい軌道が形成されることを

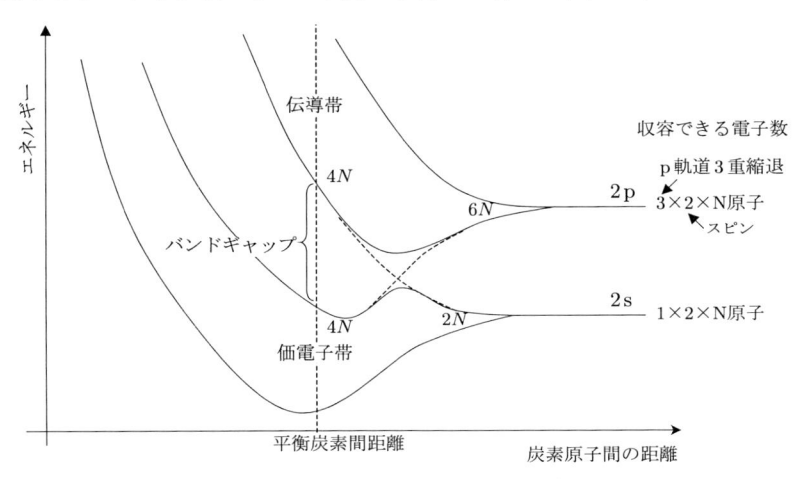

図 2.18 炭素(ダイヤモンド)のバンド構造

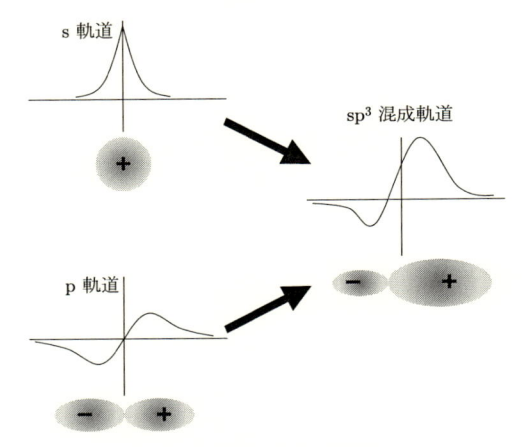

図 2.19 sp^3 混成軌道の形成

意味する．この新しい軌道がいわゆる sp^3 混成軌道である．sp^3 混成軌道が形成される様子を図 2.19 に示す．s 軌道と p 軌道を足し算して重ね合わせると，非対称な形状をもつ波動関数ができる．

この sp^3 混成軌道をもつ 2 つの炭素原子を接近させると，水素原子の場合と同様にエネルギーが大きく異なる結合軌道と反結合軌道が形成される．この結合軌道と反結合軌道をそれぞれ 1 つのユニットとして (ここでは仮にそれらを B 軌道 (bonding)，A 軌道 (anti-bonding) と名づける)，それらを多数並べていくと，それぞれの軌道からエネルギーバンドが形成される．B 軌道が最も反結合的に並んだ状態と A 軌道が最も結合的に並んだ状態の波動関数をそれぞれ図 2.20 に示す．電子が原子間に存在しない (電子が接着剤として機能しない) ことに対応する節の数はどちらも同じであるが，軌道の形状が非対称であることに起因して，B 軌道が反結合的に配置された状態の方が原子間に存在する電子の密度が高く，接着剤としてより有効に機能するためエネルギーが低くなっている．したがって図 2.20 の 2 つの状態の間にはエネルギーの隔たりがあり，その間のエネルギーをもつ電子状態は存在しない．このようなエネルギー帯をバンドギャップ，あるいはエネルギーギャップと呼ぶ．

sp^3 混成軌道は 1 つの s 軌道と 3 つの p 軌道から 4 つの新しい軌道ができたものである．N 個の炭素原子からなる固体を考えると，sp^3 混成軌道の総数は

2.4 固体のバンド理論の基礎

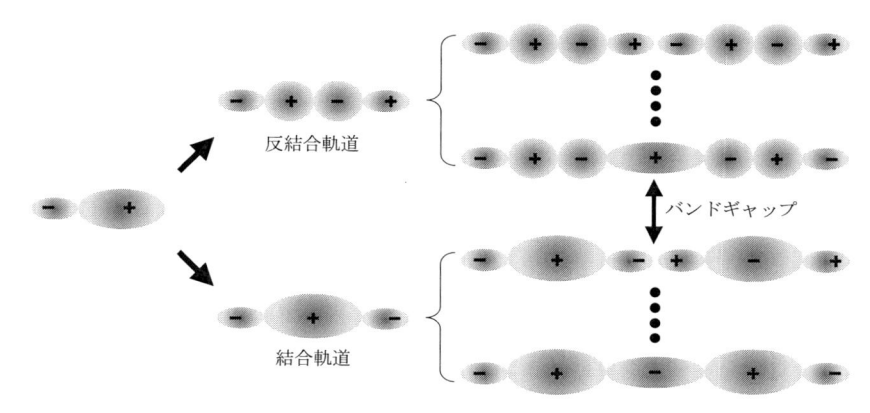

図 2.20 エネルギーバンドとバンドギャップ
結合軌道，反結合軌道を 1 つのユニットとして，それらがさらに結合的または反結合的に並んだときの波動関数．結合軌道，反結合軌道それぞれが最も結合的ないし反結合的に並んだ場合のみを示し，その間の配列は省略している．

$4N$ 本となる．図 2.18 に示したように，このうち $2N$ 本はバンドギャップより下のバンド (B 軌道からなるバンド)，他の $2N$ 本はバンドギャップよりも上のバンド (A 軌道からなるバンド) を構成している．またそれぞれの軌道には 2 個まで電子が入れるので，上のバンド，下のバンドともに最大 $4N$ 個の電子を収容できることになる．個々の炭素原子は 2s, 2p 軌道に合わせて 4 個の電子をもつので，N 個の炭素原子が存在するときの電子の総数は $4N$ 個であり，これらはすべてエネルギーの低い下のバンドに収容されることになる．つまりバンドギャップを挟んで，下のバンド (価電子帯と呼ぶ) は完全に埋まっており，上のバンド (伝導帯と呼ぶ) は完全に空になっている．電気伝導に寄与する伝導帯の電子が存在しないため，ダイヤモンドやシリコンは理想的には絶縁体としてふるまう．ただしバンドギャップエネルギーが小さく，伝導帯に電子がある程度熱的に分布しており，またドーピングにより電気伝導を容易に制御できることから，シリコンは半導体の代表と位置づけられている．

上では，1 種類の元素 (水素，炭素あるいはシリコン) のみからなる結晶を考えてきたが，特に光との相互作用を考える上では，化合物半導体と呼ばれる，2 種類以上の異種原子からなる半導体も重要である．今，2 種類の原子をそれぞれ原子 X，原子 Y と呼び，孤立しているときの (最外殻の) 電子のエネルギー

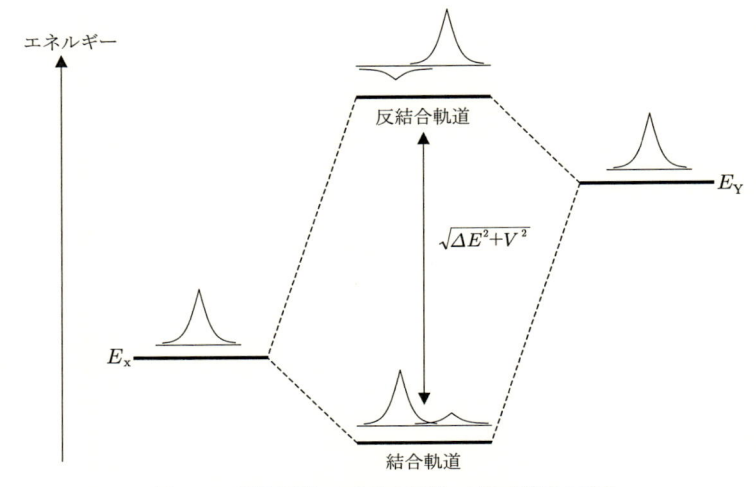

図 2.21 異種原子による結合軌道・反結合軌道の形成

を E_X, E_Y とする．ここでは $E_X < E_Y$ の関係にあるとする．水素分子の場合と同様に，原子 X と原子 Y が接近すると，電子の軌道が変化し，図 2.21 のように E_X よりも低いエネルギーをもつ結合性の軌道と E_Y よりも高いエネルギーをもつ反結合性の軌道が形成される．ただし，もともとの電子が異なるエネルギーをもっていることを反映して，水素原子の場合のように電子は両原子にわたって均等には分布せず，一方の原子に偏っている．具体的には，結合軌道はエネルギーの低い原子 X に，反結合軌道はエネルギーの高い原子 Y にそれぞれ電子が偏っている．その偏りの程度は，孤立しているときの電子のエネルギー差 $\Delta E = E_Y - E_X$ とともに大きくなっていく．最も極端な場合は，電子は完全に一方の原子に偏っており (すなわち接近前と後で電子の軌道がほとんど変わらない)，原子 X が原子 Y の電子を完全に引き寄せてしまうという状況になる．つまりイオン性の結合となる．実際，イオン結晶では原子 X と原子 Y はともに閉殻構造をとり，そのエネルギー差は主量子数の違いに起因するので，大きな値となっている．

以上のように，2 種類の原子の最外殻電子のエネルギー差 (イオン化エネルギーの差) が大きくなるにつれ，電子が均等に分布する結合性から電子を完全に引き寄せ，イオン化するイオン結合性へと連続的に変化していくことになる．

もう少し定量的にいうと，原子 X と原子 Y が接近することによるエネルギー変化 V が共有結合性の寄与を，孤立しているときの X と Y のエネルギー差 ΔE がイオン結合性の寄与をそれぞれ表している．また，結合軌道と反結合軌道のエネルギー差は $\sqrt{\Delta E^2 + V^2}$ で与えられる．

2.4.3 バンド端での光遷移の起源

以上で sp^3 混成軌道から形成されるバンドの概要は理解できるが，半導体の光学遷移を理解する上で重要な以下の点について簡単に触れておきたい．これまでは s 軌道と p 軌道が完全に同じ重み付けでできあがる理想的な sp^3 軌道が形成されていることを出発点としてバンドを考えたが，実際にはバンド内でその重み付けは電子のエネルギーによって異なっている．この事実は X 線放出分光法などによって確認されている．その様子を概念的に示したのが図 2.22 (図 2.18 も参照) である．多くの化合物半導体では，価電子帯の頂上付近は p 軌道成分が割合として多く含まれており (p 軌道的と表現する)，一方伝導帯の底の付近では s 軌道成分の割合が大きくなっている (同じく s 軌道的)．一方が s 軌道的，他方が p 軌道的であるという関係は，バンド間で強い光学遷移を起こす上で本質的に重要な意味をもつ．その理由を以下で説明する．

今，ある半導体のバンドギャップにほぼ等しいエネルギーをもつ光を照射する．光により p 軌道的な価電子帯の電子 (エネルギー E_p) が，s 軌道的な伝導

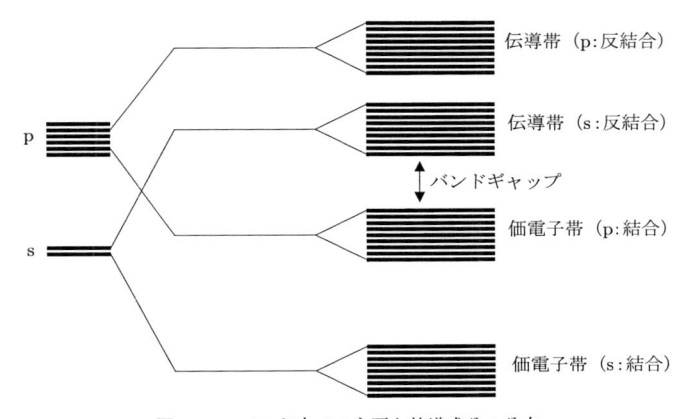

図 2.22 バンド内での主要な軌道成分の分布

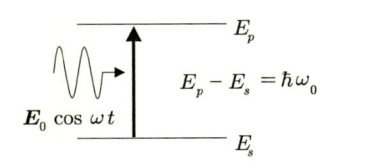

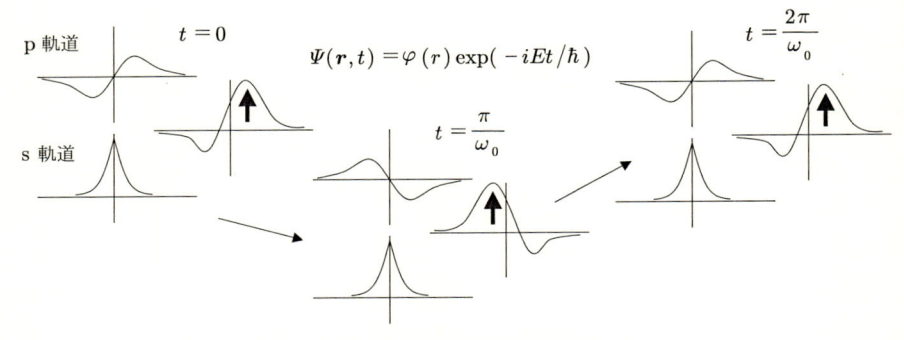

図 2.23 量子力学による電気双極子の起源の説明

帯の頂上 (エネルギー E_s) 付近に励起される．つまり，p 軌道的な波動関数に s 軌道的な波動関数が混ざり合ってくることになる．その様子を図 2.23 に示す．ここではわかりやすくするために，それぞれの波動関数を 50%ずつの割合で足し算している．時刻 $t=0$ では電子は右側に偏って存在している．この状態から時間が $\pi/\omega_0 (\omega_0 = (E_s - E_p)/\hbar)$ だけ経過すると，s 軌道的波動関数，p 軌道的波動関数の位相がそれぞれ $(E_s/\hbar) \times (\pi/\omega_0), (E_p/\hbar) \times (\pi/\omega_0)$ だけ変化し，π だけの位相差が生じる[*5]．それらを足し合わせた結果，電子は左側に偏ることになる．さらに同じ時間 π/ω_0 が経過すると，p 軌道的，s 軌道的波動関数はともに $t=0$ と同じ状態に戻り，電子の偏りも右側になる．つまり，電子は $2\pi/\omega_0$ の周期で左右に振動する，すなわち電気双極子が形成されていることがわかる．このように電子の振動が発生するのは，s 軌道と p 軌道がそれぞれ対称 (偶関数)，反対称 (奇関数) な波動関数をもち，それらを足し合わせることにより，電子の存在確率に偏りをもたせることができるからである．偶関数同士，奇関数同士ではこのような偏りは生じない．

[*5] 位相の変化は，波動関数が x 軸の周りで角周波数 $E/\hbar$ をもって回転すると考える．

2.4.4 固体中の電子の運動

ここまでは，結晶を構成する個々の原子に着目し，結合 (ボンド) という化学的視点から固体をみてきた．その一方で固体中の電子の波動関数は，結晶格子の周期をもったポテンシャル中のシュレディンガー (Schrödinger) 方程式の一般解である

$$\phi_k(x) = u_k(x) \exp(ikx) \tag{2.29}$$

と表すことができる (ブロッホ (Bloch) 関数と呼ばれる)．ここでは簡単のため 1 次元の結晶を考える．(2.29) 式は格子周期をもつ周期関数 $u_k(x)$ と平面波 $\exp(ikx)$ の積という形になっている．前者は基本的に結晶を構成する原子の波動関数を反映している．つまり，原子の s 軌道, p 軌道の性質を有している．後者は波数 k をもって一方向に進行し続ける波 (進行波) であり，運動エネルギーは k に依存している．特に重要なバンド端近傍では，周期関数 u_k は k にあまり依存せず，また運動エネルギー E_k と k の間には

$$E_k \propto k^2 \tag{2.30}$$

という関係 (分散関係) が成り立つ．ポテンシャルが一定の場合，つまり電子が自由空間を運動する場合は，その運動エネルギーが $E_k = p^2/2m = (\hbar k)^2/2m$ となることからも，直感的に理解いただけるかと思う．

次に結晶中の電子が満たす運動方程式を考える．結晶中で無限に広がった波として存在する電子に対しては，それがどこにいるかという位置の情報は意味をもたず，運動方程式も波数 k が時間とともにどのように変化するかを記述する形となる．しかし，結晶は必ず不完全性を伴い，不純物に束縛された電子のように局在性も本質的に重要である．また実際の多くのデバイスでは，結晶に対して様々な加工が施され，むしろ無限に大きな結晶として扱う場合は少ない．したがって電子を大きく広がった波としてではなく，粒子としての側面が顔を出した運動方程式で記述する方が実用的であり，便利である．そのために導入されるのが，「波束」という概念である．波数を厳密な値として指定せずに，ある程度幅をもたせてボケをもたせてやると，図 2.24 のように電子は空間的にある程度局在した粒子のように見立てることができる．つまり電子の波数と位置

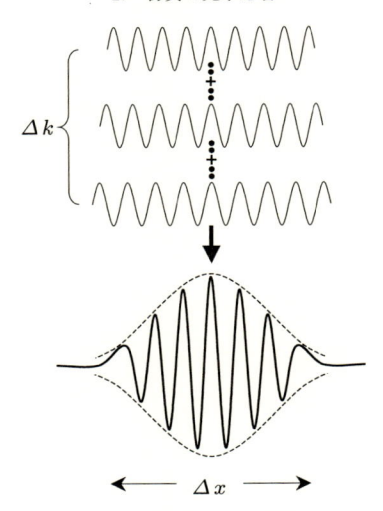

図 2.24 波束の概念図

を支障のない範囲で互いにボケをもたせることにより，電子を直感的にわかりやすい粒子として扱おうという考え方である．ただしここで注意すべきは以下の2つの点である．まずこの粒子，すなわち波束が結晶中を進む速度は，いわゆる波の速度 (位相速度) $v_p = \omega/k$ ではなく，

$$v_g = \frac{\partial \omega}{\partial k} \tag{2.31}$$

で定義される群速度である．またこの粒子が結晶中で運動する際の質量は，自由空間での値と大きく異なり，かつ波数 k とともに変化する．この質量は有効質量と呼ばれ，具体的には

$$m^* = 1 \bigg/ \frac{1}{\hbar^2}\frac{\partial^2 E}{\partial k^2} \tag{2.32}$$

と定義されている．ただし，上で述べたように $E_k \propto k^2$ と近似できるバンド端では m^* は波数 k によらず，物質固有の定数である．図 2.25 の分散関係では，放物線の曲率が大きいほど，その有効質量は軽いということに対応する．以上の群速度，有効質量という概念を導入すると，外力 F のもとでの結晶中の電子の運動方程式は

$$m^* \frac{dv_g}{dt} = F \tag{2.33}$$

2.4 固体のバンド理論の基礎

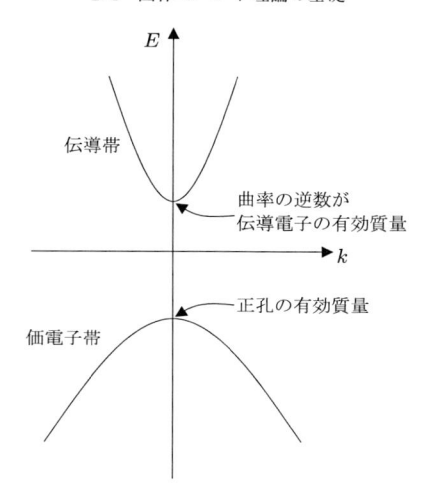

図 2.25 電子の波数とエネルギーの関係と有効質量

という形で書き表され，これは真空中の電子の運動方程式と同じ形をしている．

上で導入した有効質量を用いると，様々な外場下での電子のシュレディンガー方程式が非常に単純化されることがわかっている．シュレディンガー方程式には本来，結晶を構成する個々の原子による周期的なポテンシャルと外場によるポテンシャル H' の両方が入っている．しかし波動関数を $\varphi(x) = u_0(x)F(x)$ という，$k = 0$ でのブロッホ関数と包絡関数の積の形で書いてやると，解くべき方程式は以下のようになる．

$$\left(-\frac{\hbar^2}{2m^*}\frac{\partial^2}{\partial x^2} + H'\right)F(x) = EF(x) \tag{2.34}$$

ただし m^* は先ほどの有効質量である．つまり，電子が結晶の中にいるという状況は有効質量の中に取り込まれており，外場によるポテンシャル H' だけを考慮した包絡関数 $F(x)$ に関するシュレディンガー方程式を解けばよいことになる．電場，磁場，応力下での電子，あるいは量子構造のようにナノ領域に閉じ込められた電子の波動関数やそのエネルギーが，このようなシュレディンガー方程式を解くことにより計算できる．

2.4.5 バンド間の光学遷移

半導体に対して，そのバンドギャップよりも大きなエネルギーをもつ光を照射すると，図 2.26 のように価電子帯の電子が伝導帯へと励起され，光は吸収される．矢印の高さは光のエネルギーに対応する．矢印の始点である価電子帯の電子の波数 k_v，終点である伝導帯の電子の波数 k_c，ならびに光の波数 k_photon の間には，いわゆる波数保存則が成り立っていなくてはならない．これは図 2.27 に描いたように光の半波長分だけ離れた A 点と B 点では，電場の方向が逆を向いているため，B 点では価電子帯の電子の波と伝導帯の電子の波の位相が π だ

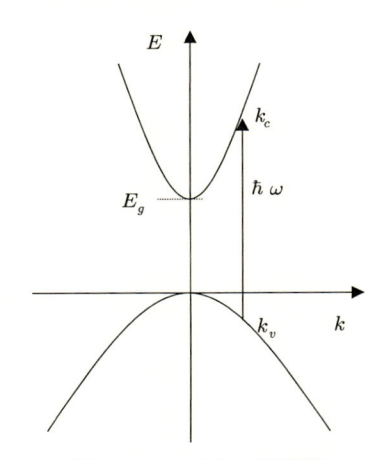

図 2.26 バンド間の光学遷移

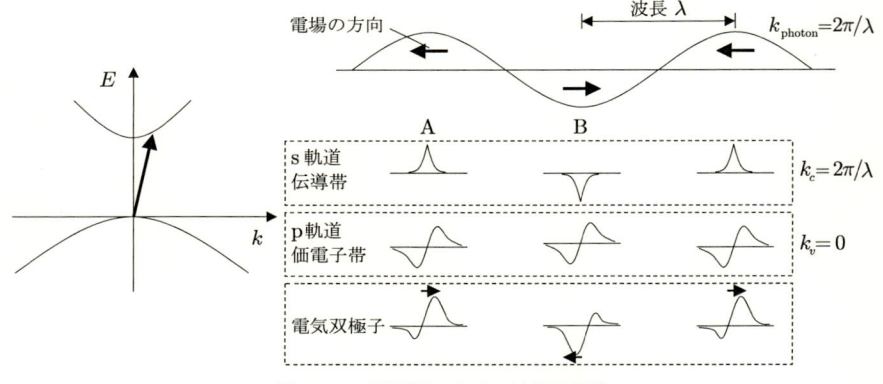

図 2.27 光学遷移における波数保存則

けずれていないと電場に対する双極子の向きが逆になってしまう．つまり，光の波数分だけ価電子帯と伝導帯の電子の波数がずれていないといけない．ただし，電子の波数は π/a (a は格子間隔) ほどまでの大きな値をとるのに対し，光の波数は $2\pi/\lambda$ である．つまり，波数保存則において k_photon はほとんど無視でき，図 2.26 のように矢印は垂直に書き込まれることになる．

次に矢印でつないだ 2 つの量子状態間の遷移の起こりやすさについて考える．遷移が起こるとは先に説明したように，光と電子の相互作用により価電子帯の電子の波動関数に，伝導帯の電子の波動関数が少しずつ混ざり合っていき，電気双極子が形成されることに相当する．混じり合いの比率は時間に比例して大きくなることがわかっており，単位時間あたりどの程度混じり合うかを表す遷移速度という量が定義できる．この量はバンド端近傍ではほぼ一定値をとり，電子の波数 k には依存しない．すると，矢印ごとには遷移の起こりやすさに違いがないことになるので，ある波長の光を照射したときにどれだけの光が吸収されるかは，作図において矢印が何本引けるかという本数に比例することになる．これは言い換えると，価電子帯，伝導帯それぞれにおいて，あるエネルギーをもった電子状態がどれだけ存在するかという量と直接結びつく．その状態数というのが状態密度である．3 次元のバルクの場合，状態密度はエネルギー E に対して，$\sqrt{E}$ の形で単調増加し，吸収スペクトルの形もおおむねこれを反映したものとなる (2.5 節も参照)．

2.4.6 励起子の光学遷移

固体の吸収スペクトルを理解する上で励起子という概念も重要である．光吸収によって伝導帯に電子，価電子帯に正孔が生成されるが，それらがクーロン力で引き合って束縛状態を形成したものが励起子である (図 2.28)．$+e$ の電荷をもつ陽子と $-e$ の電荷をもつ電子からなる水素原子とよく似ているが，以下の 2 つの点で大きく異なる．1 つは，結晶を構成する原子が分極を作る，すなわち原子核に対して電子雲に偏りができることに起因する効果である．光励起された電子，正孔は，この分極により遮蔽が起こり，クーロン引力が弱まってしまう．図 2.28 にその様子を概念的に描いた．水素原子との違いのもう 1 つは，電子，正孔の質量である．先に述べたように結晶中の電子は真空中の電子

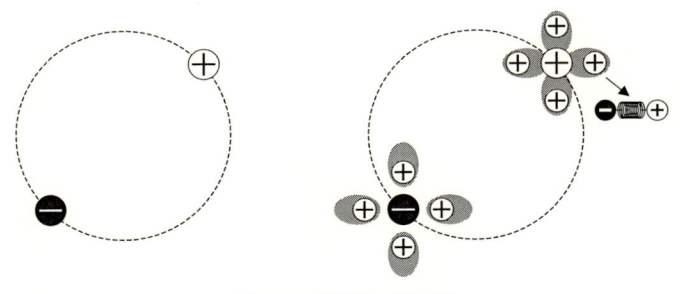

図 2.28 励起子の概念図

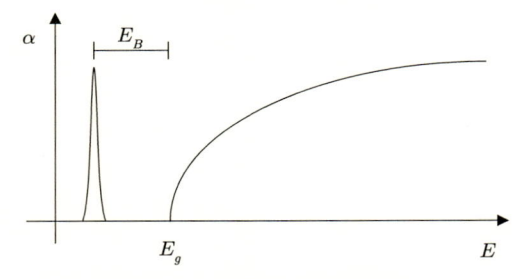

図 2.29 励起子とバンド間遷移による吸収スペクトル

とは異なる質量をもつ粒子として振る舞い，通常は真空中よりも軽い．この2つの効果はともに電子と正孔の束縛状態を水素原子と比較して弱めるように働く．具体的には，束縛エネルギー E_B とボーア半径 (電子と正孔の平均距離) a_B は以下のようになる．

$$E_B = -13.6 \times \frac{\mu}{m_0} \left(\frac{1}{\varepsilon}\right)^2 \text{ (eV)}$$
$$a_B = 0.053 \times \frac{m_0}{\mu}\varepsilon \text{ (nm)}$$
(2.35)

m_0, m_e, m_h はそれぞれ真空中の電子の質量，電子の有効質量，正孔の有効質量である．μ は還元質量で，$1/\mu = 1/m_e + 1/m_h$ の関係にある．励起子効果が存在するときの吸収スペクトルの形状はおよそ図 2.29 のようになる．バンドギャップよりも束縛エネルギーだけ低エネルギー側に鋭い線スペクトルが生じる．具体的な例として，II–VI 族化合物半導体である Z_nO について物性値を入れて計算すると，束縛エネルギーは 60 meV，ボーア半径は 1.4 nm 程度である．この束縛エネルギーの値は室温での熱エネルギー 26 meV と比較すると大

きな値である．つまり室温でも電子と正孔の束縛状態が安定に存在し，励起子が重要な役割を果たす．

　吸収スペクトルにおける励起子の寄与の大きさは物質によって大きく異なる．これは主に静的な誘電率が物質ごとに異なり，クーロン力の遮蔽効果に違いがあるからである．この起源を定性的に説明してみたい．共有結合性とイオン結合性の結晶を比較すると，2.4.2項で説明したようにイオン結晶性が大きいということはもともとの構成原子の最外殻の電子エネルギー (イオン化エネルギー) の差が大きいということで，結合軌道から反結合軌道への励起に必要なエネルギー (あるいはこれを反映したバンドギャップエネルギー) は大きなものとなっている．今，結晶をこの電子励起エネルギーに対応する固有振動数をもつバネでつながれた古典振動子の集団と考えると (図 2.28 参照)，イオン結晶性が大きいほど，硬いバネでつながれていることになる．ここでこの結晶に静電場をかけると，バネが硬いほど，その伸びは小さくなる，すなわち形成される分極 (原子核に対する電子の偏り) は小さくなる．よってバンドギャップが大きな物質ほど静的な誘電率は小さくなり，クーロン引力の遮蔽効果も抑制される．よって共有結合性の強い III–V 族半導体よりも，イオン結晶 (I–VII 族) 中の励起子の方が束縛エネルギーが大きく，安定に存在する．

　続いて，励起子による光吸収の大きさについて考えてみたい．2.4.5項にて，価電子帯から伝導帯への電子励起の速さ (遷移速度) はどの電子状態間でもほぼ同じであると説明した．しかし，励起子の効果を考慮すると，この説明には修正を加えなくてはならない．結晶中での光による電子励起は結晶全体に広がった電子と正孔との間の遷移を考えるが，遷移速度は原子内での s − p 軌道間の遷移の起こりやすさと同一原子内に電子と正孔を見いだす確率の積で決まる．電子と正孔が独立に結晶中を広がっている場合は，同一原子内に電子と正孔を見いだす確率は一定である．しかし，電子と正孔の間にクーロン引力が働いていると，互いが常に接近した状態で運動しているので，同一原子内に見いだされる確率は大きくなる．クーロン引力が強く，励起子のボーア半径が小さいほど，その確率は大きくなり，光の吸収量，すなわち吸収スペクトルにおける励起子吸収が占める面積は大きくなっていく．

　励起子スペクトルの面積，束縛エネルギー，ボーア半径の関係を違った角度

から見ると以下のようにも説明できる．励起子を形成している電子は正孔から見るとある空間に局在した状態にある．このような局在した電子状態は空間的に広がった様々な波数をもった電子を重ね合わせることによって作り出されている (2.4.4 項の波束の説明を思い出していただきたい)．ボーア半径程度の領域に局在した波を作り出す場合は，ボーア半径の逆数程度までの波数成分を足し合わせる必要がある．この程度の波数をもつ電子の運動エネルギーを計算してみると，これは励起子の束縛エネルギーと同程度であることがわかる．束縛状態におけるポテンシャルエネルギーと運動エネルギーの関係を考えるとこれはごく自然な結果である．また励起子吸収が占めるスペクトルの面積 (光の吸収量) は，バンド端から束縛エネルギー程度までの電子状態による吸収の面積に等しい．

2.4.7 発光スペクトル

次に半導体中の発光スペクトルについて説明してみたい．吸収スペクトルはおおまかには，バンドの状態密度を反映したバンド間遷移，ならびにバンド端での励起子遷移からなる．これに対して発光スペクトルはこれとは大きく異なる場合が多い．その主な理由は，図 2.30 に示すようにバンド間遷移によって生

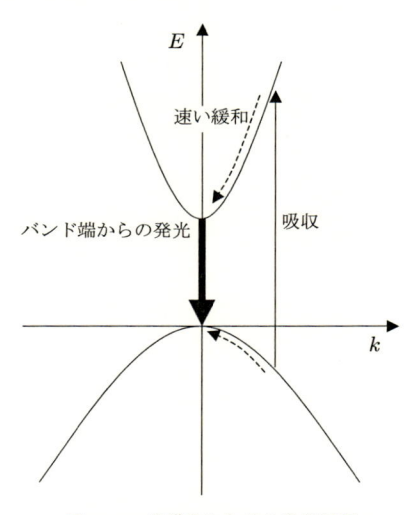

図 2.30 半導体における発光過程

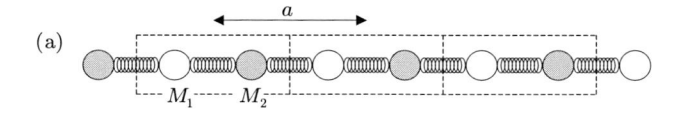

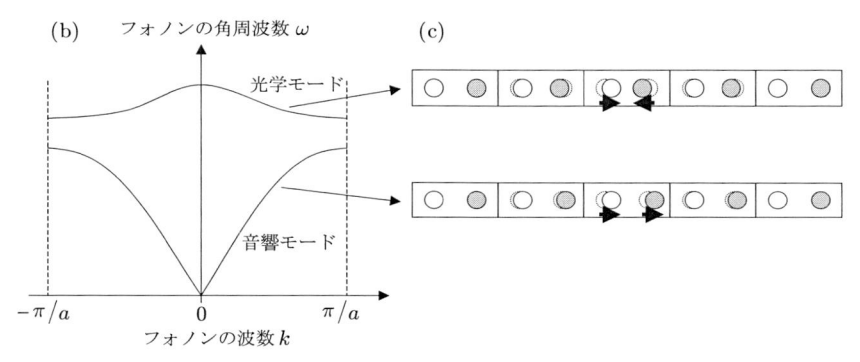

図 **2.31** 2原子からなる結晶の格子振動
(a) モードを計算するためのモデル．(b) 分散曲線．(c) 音響モードと光学モードにおける原子の変位の様子．

成された電子，正孔はその運動エネルギーを速やかに失いながら，バンド端まで緩和することにある．エネルギーは主に結晶格子へ受け渡され，その熱運動へと変換される．電子と正孔が再び結合して光に戻るまでの時間 (輻射再結合寿命) に比べて，この緩和時間が圧倒的に短いため，発光はほとんどバンド端近傍で起こる．さらに，結晶中には意図的に不純物 (ドーパント) が導入されている場合だけでなく，多かれ少なかれ他種の不純物や欠陥を含む．これらは多くの場合，電子や正孔，あるいは励起子の束縛状態を形成する．すなわちバンド端の自由な電子よりもさらにエネルギーの低い電子状態を提供する．したがって，運動エネルギーを失いながらバンド端まで緩和した電子は，より安定な状態を求めて空間的に拡散し，不純物，欠陥などに捕らえられた後に発光することが多い．

これまでは，結晶を構成する原子は完全に等間隔な格子を形成し，その位置はまったく動かないものと考えてきた．しかし実際には格子はその平衡位置を中心として，小刻みに振動しており，さらに電子や光と相互作用する．ここではこの格子振動について考え，それが発光スペクトルにどのように反映されるのかを考察する．化合物半導体までを含めた理解のために，図 2.31(a) のよう

なモデルをもとに考察する．単位胞 (基本単位の構造) の中に質量が異なる 2 種類の原子が存在し，この単位胞が周期的に並んでいる (周期を a とする)．簡単のために原子同士をつなぐバネはすべて同じ固有振動数をもつとする．このような系の運動方程式，ならびにその解法についてはここでは省略するが，この振動が結晶中をある角周波数 ω と波数 k をもった進行波 (基準モード) として伝わっていく場合の ω と k の関係 (分散関係) について要点をまとめておく．図 2.31(b) はその分散関係を図示したものである．波数は 0 から π/a，すなわち波長が $2a$ 以上の範囲で考えれば十分である (波長が $2a$ 以下の波は，必ずそれと等価の振動を表す波長 $2a$ 以上の波を見つけることができる)．分散関係の曲線には 2 つの分枝があり，振動数が低い方は音響モード，高い方は光学モードと呼ばれる．それぞれのモードについて単位胞内での原子の変位の様子が図 2.31(c) に描かれている．音響モードでは単位胞内の 2 つの原子が同じ方向に変位しており，波数の小さな領域では隣り合う原子の変位の差が小さいので，連続体近似における弾性波に対応する．音響モードの名称の由来はここにあり，分散関係の原点付近における傾きは結晶中の音速を与える．一方光学モードでは単位胞内の原子は互いに反対方向に変位している．イオン結晶の場合 (2 種類の原子のイオン化エネルギーの違いにより多少なりともイオン性を帯びている場合)，このモードは電気双極子の振動を伴い，光によって励起することができるので光学モードと呼ばれる．ここでは原子の変位の方向と波が進む方向が同一である縦波を考えたが，3 次元結晶では，これらが垂直の関係にある横波も存在する．

　格子振動は上記の基準モードの和として記述でき，さらにそれらのモードは調和振動子と見なすことができるので，光の場合と同様の量子化が可能である．量子化の結果，各基準モードのエネルギーは $\sum_K (n_K + 1/2)\hbar\omega_K$ と書くことができ，エネルギー $\hbar\omega_K$ をもつ粒子が n_K 個存在する状態と見なすことができる．この粒子をフォノンと呼び，粒子数はボーズ分布に従う．

　続いて電子とフォノンの相互作用について考える．先に説明したように，結晶中の電子のバンド構造は原子間隔の関数として変化する (図 2.18 参照)．すると格子振動により原子が平衡位置から変位するということは，電子にとってはその位置でバンドギャップが変化していることになる．ある周波数と波数を

2.4 固体のバンド理論の基礎

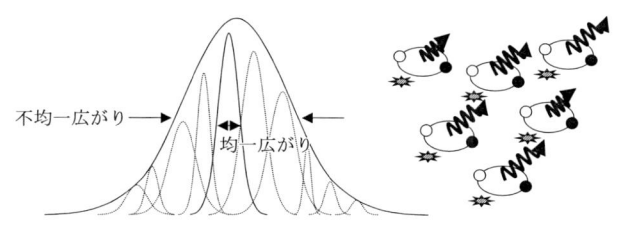

図 2.32 光学スペクトルにおける均一広がりと不均一広がり

もつ基準モードの音響フォノンを考えると，電子の波は格子振動の波によってポテンシャルの変調を受け，異なるエネルギーと波数をもつ電子状態へと遷移する．これが電子と音響フォノンとの相互作用 (音響フォノン散乱) である．光学モードのフォノンの場合は電気双極子を伴うので，これが電子の感じるポテンシャルに変調をもたらし，やはりエネルギーと波数を保存しながら，電子は散乱を受ける．

以上をまとめ，発光スペクトルから得られる情報について説明する．半導体からの発光の多くは，結晶中の不純物，欠陥などに捕らえられた電子・正孔のペア，あるいは励起子からの発光が支配的である．通常の発光スペクトル測定では，こういった局所的な発光源を多数同時に観察する．すると，発光スペクトルの幅は，個々の発光源の発光エネルギーのばらつきを反映したものになる (図 2.32)．この幅は不均一広がりと呼ばれ，ばらつきの起源は多様であるが，統計性を反映してガウス分布形状になる場合が多い．良質の結晶を用意してもこの不均一広がりを避けるのは困難である．

これに対して個々の発光源が固有にもつスペクトル幅は均一広がりと呼ばれている．スペクトル形状と発光により放出された光子の時間波形はフーリエ変換の関係にある．すなわち光子の時間波形が一つながりの単一周波数で振動するきれいな波であれば，スペクトルはその周波数成分のみをもつ鋭いスペクトル (デルタ関数) となる．しかし実際には波の長さは有限であり，また位相に飛びも生じるため，スペクトルはある程度の幅をもつ．以下でこれらの起源について説明したい (図 2.33)．波の長さが有限である 1 つの理由は，発光を続ける時間 (放射再結合寿命 τ) がそもそも有限だからである．光との相互作用が強いほど，この時間は短くなり，スペクトル幅は広がる．広がりの大きさは $\hbar/\tau$ 程

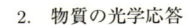

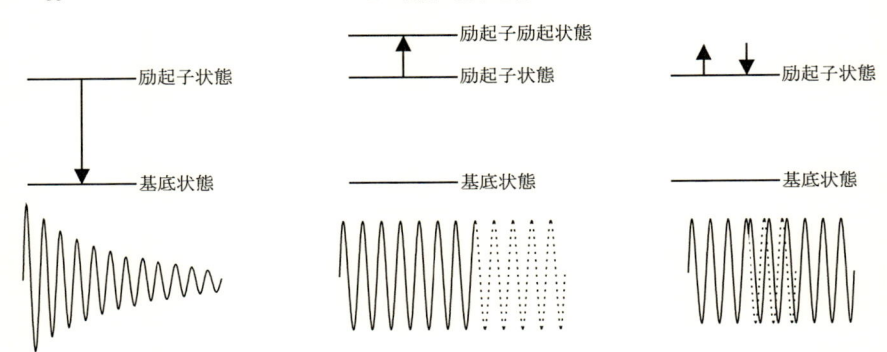

図 2.33 光学スペクトルを広げる (コヒーレンスを消失させる) メカニズム

度である．また，フォノン散乱によって，違う電子状態へ遷移してしまう場合も，波の長さは制限される．やはりフォノン散乱を受ける時間の逆数程度のスペクトル広がりが生じる．さらに違う状態への変化を伴わなくても，フォノンによって一瞬電子のエネルギー (波の周波数) が変化すると，波の位相に飛びができてしまい，これもまたスペクトルを広げる要因となる．

2.5 量子構造

ここまでは固体を 3 次元的に十分に大きな塊 (バルク) と見なして扱ってきた．ここでは 2 次元的な薄いシート状，1 次元的な細い線状，あるいは 0 次元的な小さい点状の結晶がどのような興味深い性質をもつかについて説明したい．薄い，細い，小さいといっても程度は様々であるが，本節ではナノメートル程度の構造を指す．ナノメートルの狭い領域に電子が閉じ込められると，電子の量子力学的な性質が改めて顕在化することから，このような構造は量子構造としばしば呼ばれる．

まず 2 次元的なシート状の構造を考える．実際にはナノメートルの厚さの薄いシートを単体で作製するのではなく，エネルギーギャップの小さな半導体 (たとえば GaAs) をギャップの大きな半導体 (たとえば AlAs) でサンドイッチする場合が多い (図 2.34)．ギャップの小さな半導体中の電子は，両側のギャップの大きな半導体をエネルギーの壁として感じる．シートの面内方向には電子は自

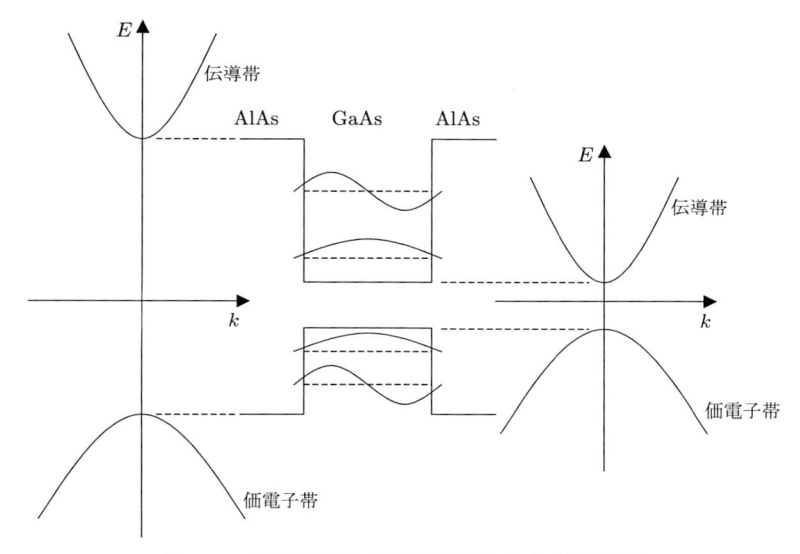

図 2.34 半導体量子井戸構造と閉じ込められた電子状態

由に動き回ることができ，運動が制限されるのはシートに垂直な方向だけである．したがって1次元の井戸型ポテンシャルの問題として扱うことが許される（このことから2次元のシート状の量子構造は量子井戸と呼ばれる）．量子力学を一度でも学んだ方はこの問題を解いたことがあると思う．電子の波動関数とエネルギーは図 2.34 のようになる．バルクの場合，閉じ込め方向に関しては電子のとりうるエネルギーは連続的に分布していたが，量子構造では，とびとびのエネルギーしかとりえない．その理由は以下のように理解できる．結晶中を運動する電子が壁に出会うと，そこで波の反射が起こる．今の場合そのような壁で挟まれているので，反射を繰り返して往復運動をすることになる．しかしほとんどの波長の波は，往復運動で自らが干渉を起こすと打ち消し合って消滅してしまう．干渉による消滅を免れ，存在が許されるのは，その半波長の整数倍が井戸の厚さに等しい波だけである．波長がとびとびである結果，エネルギーも離散的になる．壁の高さが有限の場合，波は多少なりとも壁の中に浸み出す．浸み出すことにより，その分だけポテンシャルエネルギーは大きくなってしまうが，波が広がることによる運動エネルギーの減少がそれを補う．両者の兼ね合いで壁への浸み出し量が決まる．

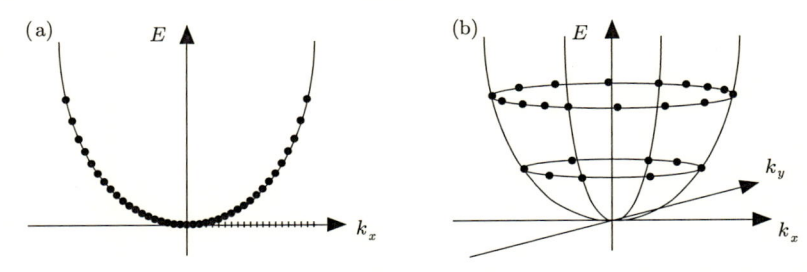

図 2.35 状態密度を計算するための (a) 量子細線, (b) 量子井戸の分散関係

では,量子構造を導入する意義を考えてみたい.まず光との相互作用が強くなるかというと,量子化された準位間の遷移速度はバルクのバンド間の遷移と比較して取り立てて大きくなる要因はない.しかし励起子を考えると,量子化の意義は大きい.量子井戸の場合,電子と正孔が 2 次元面内に閉じ込められることにより束縛エネルギーが大きくなり,ボーア半径も小さくなる.つまり励起子は安定になり,光との相互作用は増強される.また,比較的大きな量子ドットでは並進運動の広がりの分だけ,振動子強度が大きくなる.

また励起子効果と同様に,あるいはそれ以上に重要なのが,状態密度の変化である.バルク構造の状態密度の計算は第 1 章の光子のモード密度の計算とまったく同様に遂行でき,エネルギーとともに $\sqrt{E}$ の形で増大していく.では,量子構造の場合はどうであろうか.状態密度の概念の復習を兼ねて,図 2.35 を見ながら考える (計算による導出はバルクの場合と同様にその次元だけを変えれば簡単にできる).図 2.35(a) は 1 次元の細い線状の結晶 (量子細線と呼ぶ) の場合である.電子が自由に動けるのは 1 次元方向だけなので,図を使って大まかに理解することができる.エネルギーと波数の関係は 2.4.4 項で説明したとおり,$E = (\hbar^2/2m^*)k^2$ である.周期的境界条件を導入すると波数は等間隔で離散的な値だけが許され,それを放物線上に黒点で示している.状態密度は微小なエネルギー幅の中にとりうるエネルギー値がどれだけ存在するかという量である.黒点の疎密をながめてみると,エネルギーとともに状態密度は減少することがわかる.きちんと計算するとこれは $1/\sqrt{E}$ のように減少することを確認できる.

量子井戸の場合も同様に考えることができる (図 2.35(b)).電子は 2 次元面

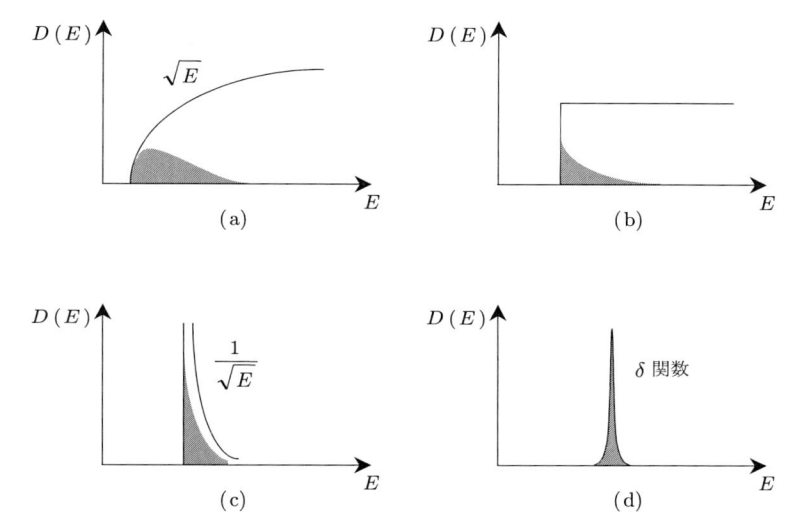

図 2.36 (a) バルク，(b) 量子井戸，(c) 量子細線，(d) 量子ドットの状態密度
灰色の領域は有限温度での電子の熱分布の様子．

内を自由に動けるので，波数も 2 次元に分布する．したがって今度は放物面上で黒点を勘定しなくてはならない．量子細線の場合に見られたエネルギーとともに黒点が疎になっていく効果と，黒点を数える輪 (エネルギー一定の平面で放物面を切ったときの切り口) の直径がエネルギーとともに大きくなる効果が競合する．計算を行ってみるとこれらはちょうど打ち消し合い，状態密度はエネルギーによらず一定値となる．また 3 次元あらゆる方向に運動が制限された点状の結晶 (量子ドット) の場合は，状態密度はデルタ関数となる．以上をまとめると，図 2.36 のようになる．

量子構造によって状態密度が変わると，電子のエネルギー分布が大きく変わる．エネルギー分布は状態密度にフェルミ分布関数を掛け算することによって求められる．半導体の伝導帯の電子密度を計算するときは，フェルミ分布関数はボルツマン分布関数 (エネルギーとともに減少する指数関数) で近似できる．たとえばバルクと量子細線を比較すると，前者の状態密度はエネルギーとともに増加するのに対し，後者の状態密度はエネルギーとともに減少する．その結果，指数関数を掛けて得られる電子のエネルギー分布はバルクに比べて細線の方が狭いものとなる．系統的に眺めてみると，図 2.36 のようにバルクから量子

ドットに向かうにつれて順にエネルギー分布が小さく抑えられていることがわかる．これはエネルギー分布がある特定のエネルギーに集中することを意味し，たとえば半導体レーザーの動作電流の低減に貢献する．

　量子ドットは状態密度が完全に離散的であることを反映して，上記以外にも多くの魅力をもつ．それらについては第3章で説明したい．

Chapter 3

ナノ粒子の光学応答

　物質をナノスケール化する意義は主に2つある．1つは量子力学的効果が顕著に現れること，もう1つは体積に対する表面積の比率が大きくなり，表面効果が顕在化することである．前者については，ナノスケール化した半導体によってそれが実現され，発光のサイズ依存性や光に対する応答の増強，コヒーレンスの保持などの有意義な性質が得られている．一方，物質が金属の場合，誘電率が負であることに起因して，表面電荷が生み出す電場によって自励的に大きな双極子モーメントが形成される．これは共鳴プラズモン効果と呼ばれており，電場増強を生み出すと同時にその共鳴が表面電荷の変化とともに敏感にシフトする．これらの効果はナノスケール化の第2の意義と密接に関連しており，特にセンシングという視点から非常に有利に働く．本章では，量子力学を必要としない，金属ナノ粒子によるプラズモン共鳴についてまず説明し，続いて半導体量子ドットの光学応答について考えていく．

3.1　ナノ粒子による光散乱

　空はなぜ青いのか，夕日はなぜ赤いのかといった疑問を誰しも一度はもたれたであろうし，その理由をご存知の方も多いと思う．本シリーズの第1巻でも説明されているとおり，どちらも太陽の光が空気中の微粒子によって散乱されるという現象と直接関係している．ナノ粒子（光の波長よりもずっと小さな粒子）に光が当たると，粒子の中の電子が光の電場を感じてその光の周波数で振動する．つまり分極が発生し，粒子全体が電気双極子として振る舞う．振動する電子は格子振動による散乱など，摩擦と見なせる力を受けることによって光

からもらったエネルギーの一部を粒子の中で失ってしまう (熱に変わってしまう). これが粒子による光の吸収である. また電気双極子はそのモーメントの大きさに応じて, 外に向かって再び光を放つ. これが粒子による光の散乱である. ここではこれらの現象についての理解を深めたい.

2.1.1 項で説明したとおり, 電荷が運動するとそれが源となって磁場が発生する. 特に電荷が加速度をもって運動すると磁場が時間的に変化するので, さらにこれが源となって電場が発生し, その繰り返しで遠くまで伝わる電磁波 (光) が発生する. 電荷の加速度運動としては様々な運動が想定されるが, ここでは光によって (光と同じ角振動数で) 強制的に単振動している電子からの電磁波の放出を考える.

原点に $+e$ の電荷が固定されており, $-e$ の電荷をもつ電子がその近傍で, x 方向に $X = X_0 \exp(-i\omega t)$ の運動をしている. これは単振動する電気双極子であり, そこから放出される電磁波が以下のようになることは, 多くの電磁気学の教科書に記述されている.

$$\boldsymbol{E}(\boldsymbol{r}, t) = \frac{\omega^2 \mu_0}{4\pi r^3}(\boldsymbol{r} \times qX_0\boldsymbol{e}_x) \times \boldsymbol{r} \exp i(kr - \omega t) \tag{3.1}$$

ここで $\boldsymbol{r}$ は電磁波を観測する点の位置ベクトル (r はその長さ), $\boldsymbol{e}_x$ は電気双極子の振動方向の単位ベクトルである. さらにポインティング (Poynting) ベクトルは

$$\boldsymbol{S}(\boldsymbol{r}, t) = \frac{\mu_0 \omega^4}{16\pi^2 c} \frac{\boldsymbol{r}}{r^3} q^2 X_0{}^2 \sin^2\theta \cos^2(kr - \omega t) \tag{3.2}$$

と計算される. ここで θ は電気双極子の振動方向 $\boldsymbol{e}_x$ と $\boldsymbol{r}$ がなす角である. これらの式から読み取れることをまとめると, 以下のようになる.

① 放出される電磁波は球面波である.
② 電磁波の強度は放出方向に依存しており, その分布は図 3.1 のとおりである. すなわち電気双極子の振動方向ではゼロであり, それと垂直方向で最大となる.
③ 電場ベクトルは $\boldsymbol{r}$ に垂直であり, 電気双極子の振動方向 $\boldsymbol{e}_x$ と $\boldsymbol{r}$ が張る平面内にある.
④ 電場の大きさは観測点までの距離 r に対して, $1/r$ の依存性で減衰する.

3.1 ナノ粒子による光散乱

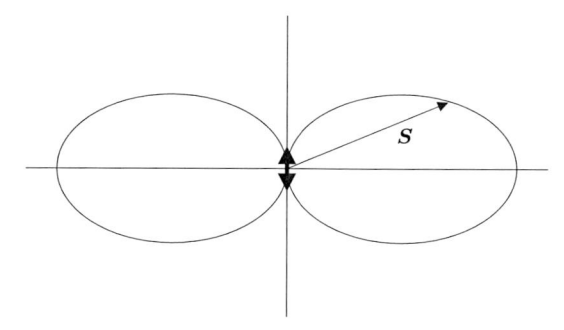

図 3.1 電気双極子 (原点) からの放射の方位依存性
矢印の長さが、その方向へ放射される電磁波のポインティングベクトルの大きさに対応する．

その結果，ポインティングベクトルを全方向について積分すると単位時間に積分領域を通過する電磁波の全エネルギーは r によらず一定値となる．つまり電磁波は遠方まで伝わることがわかる．

⑤ 電場の大きさは電子の加速度に比例するので，角振動数 ω について ω^2 の依存性をもつ．

ここでナノ粒子が誘電体 (絶縁体，半導体) であるとすると，X_0 の表式はローレンツモデルによって (2.15) 式のように与えられることを知っているので，単位時間あたりに放出される電磁波の平均エネルギーは，

$$|\bar{S}| = \frac{\mu_0 e^2 \omega^4 |X_0|^2}{12\pi c} = \frac{\mu_0 e^4 |E_0|^2}{12\pi c m^2} \frac{\omega^4}{(\omega^2 - \omega_0^2)^2 + \omega^2 \gamma^2} \tag{3.3}$$

となる．またこの双極子自体は外から照射した光によって振動を起こしており，その入射電磁波の (単位時間あたり単位面積を通過する) 1 周期あたりの平均エネルギーは

$$|\bar{S}_{\text{in}}| = \frac{|E_0|^2}{2\mu_0 c} \tag{3.4}$$

となり，$|\bar{S}|$ との比をとると，

$$\sigma_{\text{scatt}} \equiv \frac{|\bar{S}|}{|\bar{S}_{\text{in}}|} = \frac{\mu_0^2 e^4}{6\pi m^2} \frac{\omega^4}{(\omega^2 - \omega_0^2)^2 + \omega^2 \gamma^2} \tag{3.5}$$

となる．この比は散乱断面積と呼ばれる．誘電体が透明なもの，つまり電子遷移のエネルギーが可視光のエネルギーよりもずっと大きい場合，(3.5) 式は

$$\sigma_{\text{scatt}} = \frac{\mu_0{}^2 e^4}{6\pi m^2} \frac{\omega^4}{\omega_0{}^4} \tag{3.6}$$

と近似できる．この式より，角振動数の大きな，つまり波長の短い光の方がより効率よく散乱を受けることがわかる．繰り返しになるが，これは物質の光による応答が光の波長に依存する (分散をもつ) ことに起因するのではなく，電子の加速度が大きいほど，すなわち光の周波数が高いほど放出される電磁波が強いことによる．

3.2　金属ナノ粒子のプラズモン共鳴

　小さな粒子や細かな凹凸をもつ物体の表面に光をあてると，そこからいろいろな方向に散乱光が飛び散る．前節ではその詳細を説明した．続いて本節では粒子の「色」について考えてみたい．第 2 章にて物質の誘電率は光の波長とともに変化することを説明した．可視光領域のある波長で誘電率が共鳴的に大きくなる場合，その波長の近傍で光は非常に効率よく散乱され，色がついて見えるであろう．さらに，同じ物質でも粒子の形状によってその色が変化する場合がある．特に金属の粒子はそのような性質を顕著に示す．ここではそのメカニズムについて深く考察してみたい．

　以下では，粒子の大きさが光の波長よりもずっと小さいという仮定のもとで説明を進める．この仮定は以下のような意味をもつ．図 3.2 に示すように，光の波長よりも十分小さな粒子の内部，近傍で繰り広げられる現象を考える上で，光が空間的に波を打っていることはほとんど無視することができる．つまり，粒子には空間的に一様な光電場が印加されていると見なされる．これは今から考

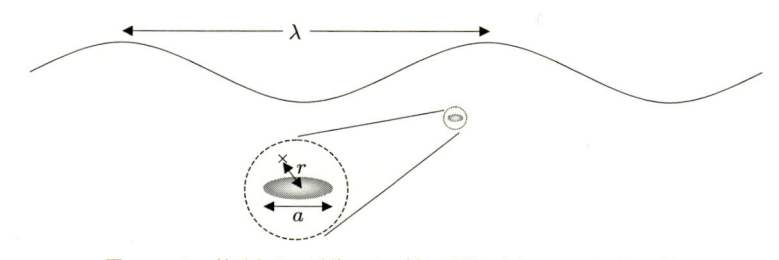

図 3.2　ナノ粒子とその近傍では一様な電場が印加されるとする近似

える問題を，空間に関しては静電場の問題のように扱ってもかまわないということを意味する．ただし，粒子に照射されているのはあくまでも光なので，時間的には光の周波数で電場は振動しており，物質の応答，すなわち誘電率もその周波数での値をもって振る舞う．以上より，小さい粒子に光を照射すると，粒子内部には一様な分極が発生し，粒子全体として双極子モーメントが形成される．これが振動することによって光が放出されると考えればよいことになる．

3.2.1 ナノ粒子の双極子モーメント

前章で見たように，金属はそのプラズマ角周波数以下の領域において負の誘電率をもつ．ここでは誘電率が負であることに起因して金属ナノ粒子の光学応答がその形状，周囲の環境によって大きく変化することを理解する．そのためには，形状をあらわに取り込んだ，すなわち粒子の表面がもたらす影響を考慮した考察が必要となる．具体的には外から照射した光の電場と粒子内部の電場，粒子に誘起される分極の関係を導く．さらに誘電率が，形状に応じたある特定の値をもつときに共鳴的に粒子の双極子モーメントが大きくなることを示す．

以下では粒子の材料を導体と限定せず，誘電体も含めてしばらく議論する．図3.3のようにナノ粒子が電場 $\boldsymbol{E}_0$ の光によって照射されると，粒子内部に分極が生じる．分極した粒子は点双極子の集合体と見なすことができ，分極 $\boldsymbol{P}$ は単位体積あたりの双極子モーメントと定義されている．分極が粒子全体で一様であれば，粒子全体の双極子モーメント $\boldsymbol{p}$ は，粒子の体積を V とすると

$$\boldsymbol{p} = V\boldsymbol{P} \tag{3.7}$$

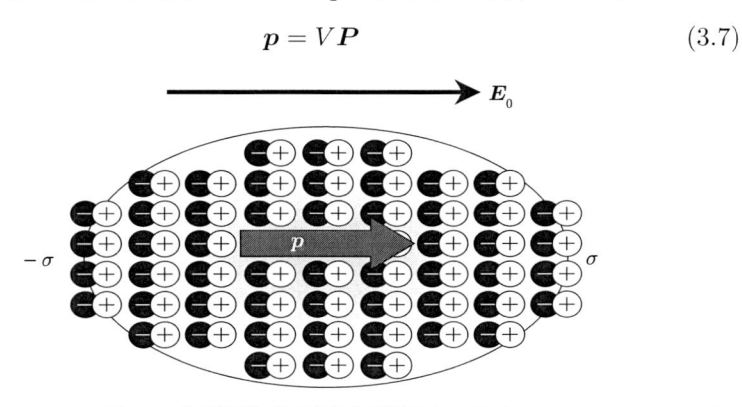

図 **3.3** ナノ粒子に誘起される双極子モーメント

となる．

では，分極 P は外から照射した光電場 E_0 とどのような関係にあるだろうか．誘電体の表面からは電荷がはみ出し，面密度

$$\sigma = n \cdot P \tag{3.8}$$

の面電荷が現れる．ここで n は表面法線方向の単位ベクトルである．有限の寸法を考えることによってあらわに扱うことになったこの表面電荷は，その分布が形状，あるいは周囲の環境によって大きく変化し，ナノ粒子の光学応答において本質的な役割を果たす．

続いて，誘電体内部の巨視的な電場 E_in を考える．巨視的な電場とは，第2章でも取り上げたとおり，波長よりも十分小さな領域で平均化した電場であり，格子間隔に比べて緩やかに変化する場である（上で定義した分極 P も巨視的な値である）．一般に内部電場 E_in は外部電場 E_0 とは異なる値をもつ．その理由は，粒子に誘起される個々の双極子モーメントが源となって発生する電場も考慮しなくてはならないからである．粒子内のある位置における内部電場は，図 3.4 に示すように粒子内のすべての双極子からの寄与を足し合わせることによって計算することができる．しかし，この多数の双極子からの和は実のところ表面電荷 σ が作り出す真空中の電場 E_1 に等しいことが数学的にわかっている（図3.4）．この電場 E_1 は，E_0 とは反対向きであることから反分極場と呼ばれている．以上より，一様に分極した誘電体の内部電場は，

$$E_\text{in} = E_0 + E_1 \tag{3.9}$$

と表される．

ナノ粒子の形状に応じた光学応答を理解するためには，反分極場 E_1 についてもう少し具体的に理解しておく必要がある．多くの粒子の形状はおおむね回転楕円体で近似することができる．しかも回転楕円体の場合，分極が一様であれば反分極場もまた一様であることがわかっている．$P_i\,(i=x,y,z)$ を分極の楕円体の主軸方向の成分とすると，対応する反分極場の成分 E_{1i} はそれぞれ，

$$E_{1i} = N_i P_i \tag{3.10}$$

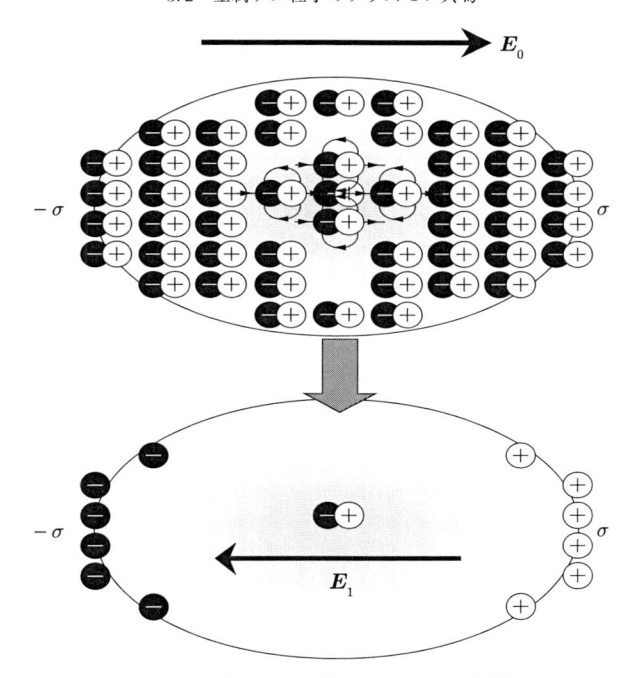

図 3.4 分極したナノ粒子における反分極場

と表される．ここで N_i は反電場係数と呼ばれ，それらの間には和が一定 $(N_x + N_y + N_z = 4\pi)$ という関係がある．図 3.5 に示すような極限的な形状の粒子について具体的な数値を考えてみると，反電場に対する理解が深まると思う．たとえば球形の場合，3 軸すべての方向に等方的なので，当然 $N_x = N_y = N_z = 4\pi/3$ となる．針状の粒子のときは，長軸 (z 軸にとる) 方向には正負の表面電荷が遠く引き離されるので，反電場は小さくなる．簡単のため $N_z = 0$ とすると，残りの 2 軸方向については等方的なので，4π を分け合って，$N_x = N_y = 2\pi$ となる．同様に z 軸方向に薄い円盤状の粒子を考えると，x, y 軸方向には電荷が引き離され，反電場が小さい．$N_x = N_y = 0$ という極限では，$N_z = 4\pi$ であることがわかる．

少々わき道にそれたが，外部電場 $\boldsymbol{E}_0$ と分極 $\boldsymbol{P}$ の関係を導くという作業を進める．一様な分極 $\boldsymbol{P}$ は内部電場 $\boldsymbol{E}_{\mathrm{in}}$ と直接以下の関係で結びつけられる．

$$\boldsymbol{P} = \chi \boldsymbol{E}_{\mathrm{in}} \tag{3.11}$$

$N_x = N_y = N_z = 4\pi/3$

$N_x = N_y = 2\pi,\ N_z = 0$

$N_x = N_y = 0,\ N_z = 4\pi$

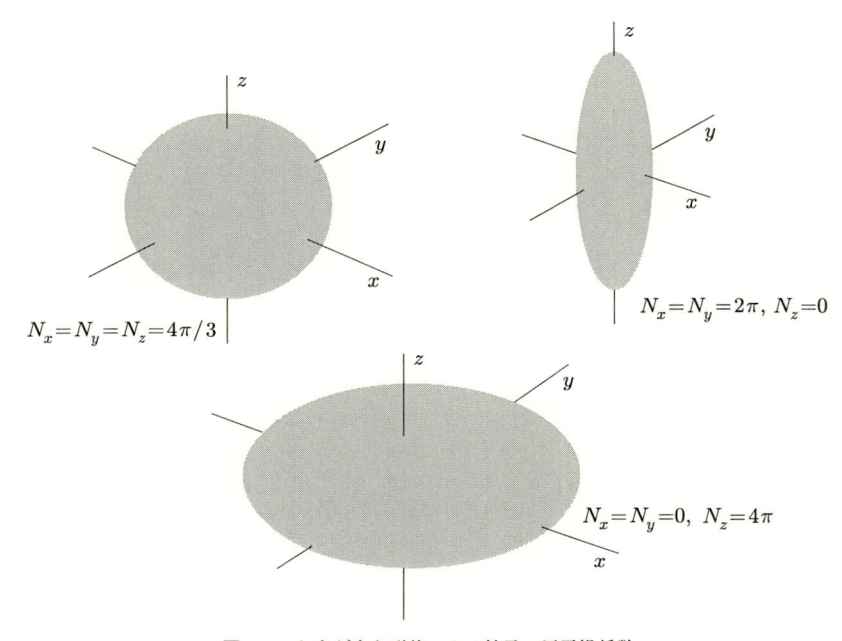

図 3.5 さまざまな形状のナノ粒子の反電場係数

ここで χ は電気感受率であり,複素誘電率 $\tilde{\varepsilon}$ と $\tilde{\varepsilon} = 1 + 4\pi\chi$ の関係にある.今,考察を簡単にするために,外部電場 $\bm{E}_0$ が楕円体の主軸 i に平行であるとすると,(3.9)～(3.11) 式から,分極 $\bm{P}$ は外部電場 $\bm{E}_0$ によって

$$\bm{P} = \frac{\chi}{1 + N_i \chi} \bm{E}_0 \tag{3.12}$$

のように誘起されることがわかる.同じ電気感受率をもつ粒子,つまり同じ材料の粒子でもその反電場係数 (どのように表面に電荷が分布するか) によって誘起される分極の大きさが変わることがわかる.これより,粒子全体 (体積 V) の双極子モーメントを複素誘電率 $\tilde{\varepsilon}$ を用いて表すと,以下のようになる.

$$\bm{p} = \frac{\tilde{\varepsilon}(\omega)/\varepsilon_0 - 1}{4\pi + N_i \left[\tilde{\varepsilon}(\omega)/\varepsilon_0 - 1\right]} V \bm{E}_0 \tag{3.13}$$

たとえば形状として球を仮定すると,光電場の方向 (偏光方向) にかかわらず $N_i = 4\pi/3$ であるから,その双極子モーメントの表式は,

$$\bm{p} = \frac{\tilde{\varepsilon}(\omega)/\varepsilon_0 - 1}{\tilde{\varepsilon}(\omega)/\varepsilon_0 + 2} a^3 \bm{E}_0 \tag{3.14}$$

となる．ここで a は球の半径である．

3.2.2　電気双極子モーメントの共鳴的な増大

(3.14) 式より，物質の誘電率が分散をもつことに起因して，ナノ粒子に照射する光の波長に応じて誘起される双極子モーメントの大きさが変化することがわかる．特に注目すべきは，$\tilde{\varepsilon}(\omega)/\varepsilon_0 = -2$ となる波長において (3.14) 式が発散する，つまり大きな分極が誘起され，それによって発生する電場もまた増大するという共鳴効果である．ただし，$\tilde{\varepsilon}(\omega)/\varepsilon_0 = -2$ という条件は球形を仮定することにより導かれたものであり，形状が変化すると共鳴が起こる波長も変わることに注意が必要である ((3.10) 式において N_i の値が変わることに対応する)．この共鳴的な電場増強は，ナノ粒子の自励発振とみることもできる．つまり外部電場 $\boldsymbol{E}_0$ が限りなく小さくても，わずかに誘起された分極が反電場を発生させ，この反電場によって分極がさらに誘起されるという正の帰還がかかる仕組みである．ただし実際には，輻射や散乱を介したエネルギーの損失，コヒーレンスの消失など，電子の運動 (振動) に対して摩擦力として働く機構が存在し，共鳴による発散は抑えられ，分極の大きさは有限にとどまる．

第2章で説明したように物質の誘電率が負の値をもつのは，金属のプラズマ角周波数以下の領域である (その他，2.3.1 項で述べたように誘電体中の励起子や光学フォノンの素励起共鳴近傍でも，その共鳴が鋭いときに誘電率が負になる場合がある)．金属の場合，粒子内の自由電子の振動は局在表面プラズモンと呼ばれ，特に金や銀といった貴金属ではプラズマ角周波数 ($\tilde{\varepsilon}(\omega) = 0$ となる角周波数) が可視光領域内やその近傍に位置するため，局在表面プラズモンにかかわる興味深い現象が色 (散乱する光の波長) を通して確認できる．第2章のドルーデモデルに基づいて計算した誘電率 (2.20) 式を用いて，(3.13) 式の分母が 0 となる周波数を求めると，

$$\omega = \sqrt{\frac{N_i}{4\pi}}\omega_p \tag{3.15}$$

となる．この式は照射する光の電場方向 (偏光方向) の反電場係数と局在表面プラズモンの共鳴角周波数の関係を表しており，図 3.6 にそのグラフを示す．この関係式より，楕円体の長軸の長さが長くなる (反電場係数が小さくなる) に従

図3.6 のグラフ：縦軸 プラズモン共鳴角周波数（上限 ω_p）、横軸 反電場係数 N_i（0 から 4π）、単調増加の曲線。

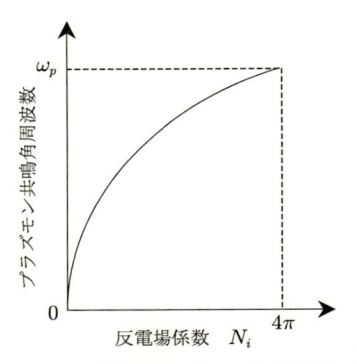

図 3.6 　反電場係数とプラズモン共鳴周波数の関係

い，共鳴波長は長波長側へシフトしていくことがわかる．一方，反電場係数の和は一定であることから，短軸方向の偏光に関する共鳴波長は逆に短波長側へシフトしていく．ただし，長さの変化に伴う短軸方向 (反電場係数が大きい) の反電場係数の変化の割合は，長軸のそれと比べると小さいので，シフト量も小さい．

以上より，金属ナノ粒子がその形状ごとに異なる色の光を散乱することがわかる．たとえば金ナノ粒子の場合，周囲の環境 (屈折率) による違いはあるが，球形の粒子はほぼ緑色を呈し，楕円体のアスペクト比が大きくなるに従って，黄色，オレンジ，赤，さらに近赤外領域へと変化していく．短軸と長軸を比較すると，長軸に平行な偏光の光の方が強く散乱されるので，無偏光の白色光を照射した場合は，短軸方向成分の共鳴による色はあまり見えない．

3.3 　金属ナノ粒子と環境の相互作用

ここまでは，金属ナノ粒子が完全に真空中に孤立した状態での共鳴現象を考えてきた．しかし実際の金属粒子は基板の上に固定されていたり，水中を運動していたりといった状況が通常である．またセンシング技術への応用を見据えると，すぐ近傍に別の金属粒子や蛍光体がいる場合も想定する必要がある．本節では，こういった金属粒子と環境との相互作用について考察したい．

3.3.1 電気双極子近傍に発生する電場

まず，電気双極子 (ナノ粒子や蛍光体) のごく近傍に発生する電場分布を思い起こす必要がある．この電場はナノ領域における光と物質の相互作用全般を理解する上で最も基本となるので，簡単に復習しておきたい．本章の 3.1 節にて，単振動する電気双極子が発する電磁波について要点をまとめた．ただし，これはあくまでも遠くまで伝搬する電場成分であり，実際には電気双極子近傍にのみ発生する電場成分も存在する (私たちの目に届くのは伝搬する光のみなので，遠くまで届かない電場成分については教科書であえて触れていない場合が多い)．その成分までを含めて，電気双極子が作りだす電場を書くと以下のようになる.

$$\boldsymbol{E}(\boldsymbol{r},t) = \frac{1}{4\pi\varepsilon_0}\left[(\boldsymbol{n}\times\boldsymbol{p})\times\boldsymbol{n}\frac{k^2}{r} - \{3(\boldsymbol{n}\cdot\boldsymbol{p})\boldsymbol{n}-\boldsymbol{p}\}\frac{ik}{r^2} + \{3(\boldsymbol{n}\cdot\boldsymbol{p})\boldsymbol{n}-\boldsymbol{p}\}\frac{1}{r^3}\right]$$
$$\times \exp i(kr-\omega t) \tag{3.16}$$

電場は 3 つの成分からなるが，第 1 項が 3.1 節で述べた遠方まで伝搬する成分であり，電荷が加速度運動することによって発生する場である．第 2 項は電気双極子からの距離 r に対して，$1/r^2$ で減衰する電場成分であり，電荷が運動することにより発生する．第 3 項は $1/r^3$ の依存性をもち，電気双極子近傍にて支配的な電場である．つまり金属粒子と環境との相互作用を考える上で最も重要な場である．実はこの電場成分は電荷が静止していても発生する場であり，初等静電磁気学で必ず勉強する，静止した電気双極子が発生する電場と同じ分布をもつ．電場の空間分布は図 3.7 に示すとおりである．電気双極子モーメントに沿った方位にはモーメントと同じ方向の電場 ($\propto 2\boldsymbol{p}/r^3$) が発生し，垂直方位には，モーメントと逆方向の電場 ($\propto -\boldsymbol{p}/r^3$) が発生する．

3.3.2 近接した 2 つのナノ粒子の相互作用

2 つのナノ粒子が互いの粒径程度，あるいはそれ以下の距離まで接近している場合を考える．粒子が共鳴的な電気双極子モーメントの増大を示さないときには，議論は比較的容易である．特に重要な点は，2 つのナノ粒子の並びに対する照射光の偏光の関係である．たとえば図 3.8 のような 2 種類の配置では，単なる足し算としてはどちらの配置でも同じ双極子モーメント $2\boldsymbol{p}_0$ が生じること

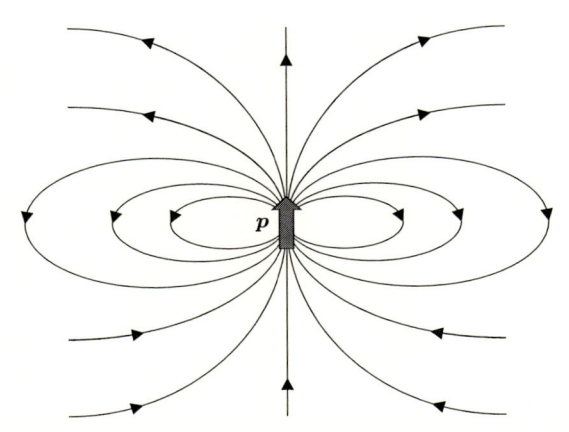

図 3.7 電気双極子のごく近傍に発生する電場の電気力線

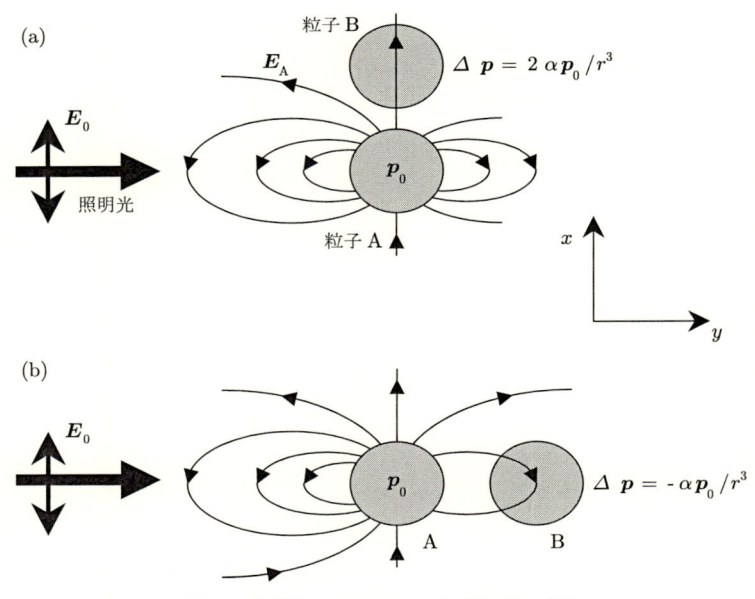

図 3.8 近接した 2 つのナノ粒子間の相互作用

になる．しかし粒子間相互作用，すなわちそれぞれの双極子モーメントが作りだす電場を相手が感じることにより，配置によって 2 つの双極子モーメントの和は $2\bm{p}_0$ よりも大きくなったり小さくなったりする．

図 3.8(a) のように x 軸方向に並んだ同一の 2 つの粒子に x 方向の偏光をもつ光を y 方向から照射する場合を考える．まず，粒子 A,B には照射した光電場 $\bm{E}_0$ によって双極子モーメント $\bm{p}_0 = \alpha \bm{E}_0$ が誘起される．さらにこれらの双極子モーメントをもつ粒子は自らの近傍に $\bm{E}_A, \bm{E}_B$ を発生させる (図はある瞬間の電気力線の様子を描いている)．前項で説明したように $\bm{E}_A, \bm{E}_B$ は $\bm{E}_0$ と同じ方向を向き，$1/r^3$ の依存性をもって急激に減衰する場である．粒子 A, B は結局，外からの光電場 $\bm{E}_0$ 以外にこの $\bm{E}_A, \bm{E}_B$ を感じ，それぞれに

$$\Delta \bm{p} = \frac{2\alpha}{r^3}\bm{p}_0 \tag{3.17}$$

の双極子モーメントが余分に誘起される[*1]．したがって，このような配置の場合，双極子間の相互作用の結果，孤立した 2 つのナノ粒子に誘起される $2\bm{p}_0$ よりも大きな双極子モーメントが誘起されることになる．

同様に図 3.8(b) のように y 方向に並んだ 2 つの粒子についても考えることができる．詳細は図を参考にしていただくとして，結果のみを示すと，

$$\Delta \bm{p} = -\frac{\alpha}{r^3}\bm{p}_0 \tag{3.18}$$

となる．一方の粒子の双極子が発生する場は，他方の粒子の内部では外からの光電場を打ち消す方向を向いているので，全体として誘起されるモーメントは $2\bm{p}_0$ よりも小さくなる．

以上の議論は，2 つの球を 1 つの粒子と見なしたとき，外から照射する光の電場方向によって反電場係数が異なることによっても理解できる．図 3.8 で取り上げた 2 つの配置はそれぞれ，照射光の偏光方向が回転楕円体の長軸方向，短軸方向に対応する．光電場が長軸方向に平行である場合の方が反電場係数は小さくなるため，粒子内部の電場が大きく，分極も大きくなる．総体積はどちらも同じなので双極子モーメントもまた長軸方向に平行な偏光による照射の場

[*1] ただし，ここで他方の粒子が発生する準静電的な場の大きさが外場のそれよりも大きくなることはないとする．

合の方が大きくなる．

　ここまでは2つのナノ粒子が共鳴的な光学応答を示さないと仮定してきた．では金属などの負の誘電率をもつ粒子対の場合はどのようになるであろうか．粒子の形状が球形であるとすれば，$\alpha = [(\tilde{\varepsilon}/\varepsilon_0 - 1)/(\tilde{\varepsilon}/\varepsilon_0 + 2)]\, a^3$である．この α を使うと，(3.17) 式は以下のように書き換えられる．

$$\Delta \boldsymbol{p} = \frac{2(\tilde{\varepsilon}/\varepsilon_0 - 1)}{(\tilde{\varepsilon}/\varepsilon_0 + 2)} \frac{a^3}{r^3} \boldsymbol{p}_0 \tag{3.19}$$

$\boldsymbol{p}_0$ の係数の大きさは，粒子間の距離 r が粒子の半径 a の2倍以上であることから，$(\tilde{\varepsilon}/\varepsilon_0 - 1)/4(\tilde{\varepsilon}/\varepsilon_0 + 2)$ よりも小さいことになる．通常の誘電体であれば，この値は1よりも十分小さくなるので，上の議論で何ら問題はない．しかし，金属など負の誘電関数をもつ物質粒子の場合は，特に $\tilde{\varepsilon}/\varepsilon_0 = -2$ の近傍で共鳴的に大きくなる．このような場合は，粒子間の相互作用を摂動的に扱うことができず，2つの粒子をはじめから一体の系として扱わなくてはならない．たとえば，図3.9は単一の球形金属粒子と2つの接触した粒子の散乱スペクトルの概略を描いたものであり，両者は大きく異なることがわかる．また，2連球のスペクトルは検出する散乱光の偏光に対しても強い依存性をもっている（図3.9）．粗っぽいが2粒子の対を回転楕円体と近似的に見なすことにより，この偏光依存性を定性的に理解できる．長軸方向の偏光に対しては反電場係数が単一粒子よりも小さくなり，一方，短軸方向には大きくなるため，長軸，短軸に平行な偏光の散乱光はそれぞれ，低エネルギー側，高エネルギー側にシフトすることになる．

　また2粒子対においては，図3.10のように球間の空隙（ギャップ）に非常に強い電場が発生することが知られており，ギャップモードと呼ばれている．ギャップの間隔が狭くなるほど，電場はより増強される．ただし，図に示した偏光方向をもつ光を照射しないとギャップ間に大きな表面電荷が現れず，強い電場は発生しない．3.3.6項で触れる表面増強ラマン散乱においては，このギャップモードが非常に重要な寄与をしていると考えられている．

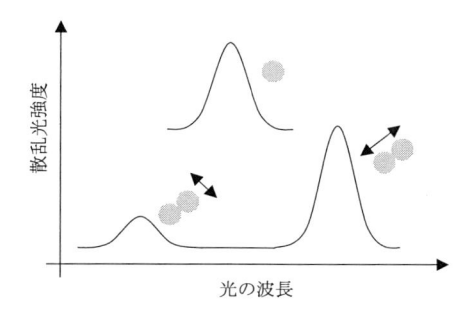

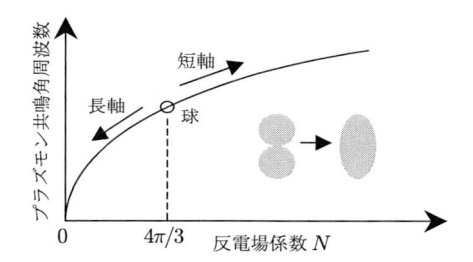

図 3.9 孤立金属球と 2 連金属球の散乱スペクトル

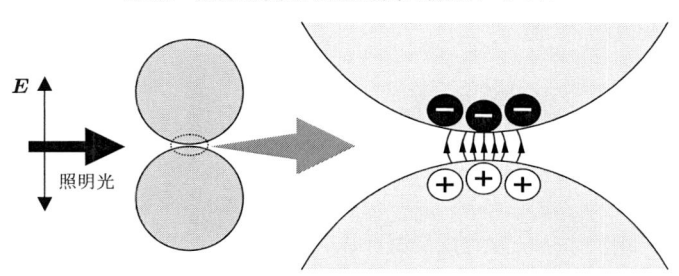

図 3.10 近接した 2 つの金属粒子間に発生する強い電場

3.3.3 平面基板と金属ナノ粒子の相互作用

次に，ナノ粒子が基板上に存在する場合を考えてみる．最も基本的には図 3.11 に示すように，基板の存在をいわゆる鏡像で置き換えることができる．本来の粒子に誘起される双極子モーメントを p とすると，鏡像粒子がもつモーメントは

$$p' = \frac{\varepsilon'/\varepsilon_0 - 1}{\varepsilon'/\varepsilon_0 + 1} p \qquad (3.20)$$

である．ここで ε' は基板の誘電率である．鏡像で置き換えると，粒子と基板の相互作用は 2 つの粒子間相互作用の問題となり，前項の説明がそのままあては

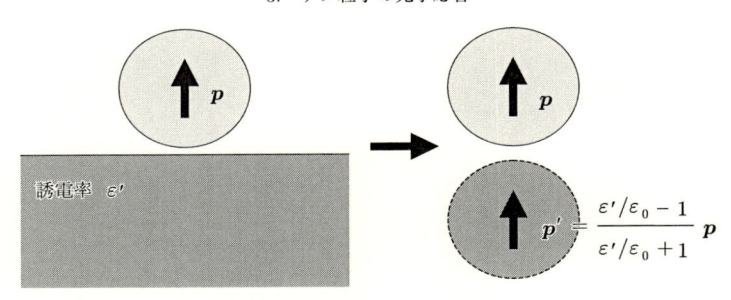

図 3.11　ナノ粒子と基板の相互作用

まる．特に興味深い点は，鏡像となる粒子の双極子モーメントが今までとは違う共鳴因子をもつという点である．これは，基板の誘電率が反映されると同時に，本来粒子の方がもつ共鳴以外に，別の波長の光によって強い共鳴効果が得られるということを意味している．たとえばフォノンポラリトンによって赤外領域で誘電率が負になるような物質を基板として用いた場合，そのような波長域で共鳴的に大きな散乱信号を得ることができる．これは赤外ナノイメージング計測に応用可能である．

3.3.4　金属ナノ粒子と周囲の誘電媒質との相互作用

金属ナノ粒子が溶液やマトリックスに取り囲まれていたり，膜で覆われていたりといった状況にあるとき，その共鳴はどのような影響を受けるか考えてみたい．図 3.12 のように金属粒子が一様な誘電媒質 (誘電率 ε') で囲まれている場合を想定する．すでに説明したように，光照射にともなって金属粒子には表面電荷があらわれるが，周囲の媒質が分極することにより，表面電荷の一部が打ち消されてしまう．その結果，金属内部の反電場は弱められる．その影響を補うため，金属粒子の誘電率の絶対値がより大きな値をもつ波長で共鳴が起こる．これは楕円粒子の長軸が長くなったときに，反電場の減少とともに共鳴が長波長側へとシフトしたことと同様である．数学的には表式 (3.14) の ε_0 を ε' で置き換えればよい．ドルーデモデルを使い，金属粒子に対して共鳴角周波数と ε' の関係を導くと，以下のようになる．

$$\omega = \frac{\omega_p}{\sqrt{1 + 2\varepsilon'/\varepsilon_0}} \tag{3.21}$$

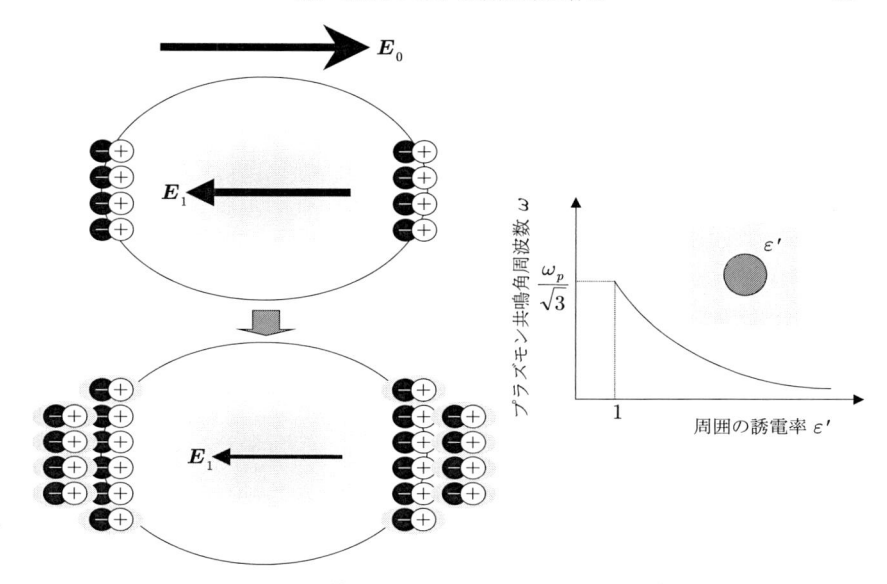

図 **3.12** 周囲の環境による金属ナノ粒子のプラズモン共鳴の変化

金属粒子の周囲が膜で覆われていたり，分子吸着が起こっていたりといった場合も基本的には膜や分子吸着によって共鳴は長波長側へシフトし，そのシフトの大きさは膜厚や吸着量が小さい範囲ではそれらに比例する．

3.3.5　自然放出レートの増強

金属ナノ粒子は外からの光照射によって共鳴的に大きな電気双極子モーメントを発生することを説明してきた．この基本的な物理現象は，粒子の近傍にいるナノ蛍光体 (蛍光分子や量子ドットなど) からの自然放出に対しても強い影響を与える．

励起状態にあるナノ蛍光体はある固有の寿命をもって自然放出，すなわち蛍光を発する．その際，同時に蛍光体の周囲には図 3.7 で説明した電場分布が発生していると考えることができる．金属ナノ粒子と蛍光体が十分に接近している場合，図 3.13 に示したようにこの電場が金属粒子に大きな双極子モーメントを誘起する．3.3.2 で説明した 2 つの粒子の相互作用を思い出していただくと，金属粒子に誘起される双極子モーメントの大きさ μ' は，

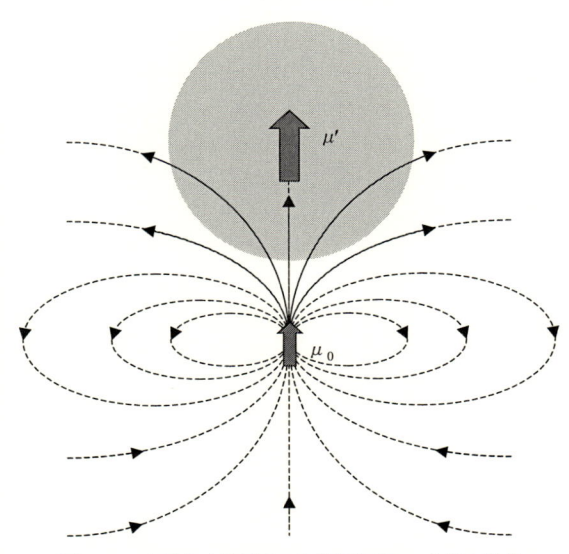

図 3.13 金属ナノ粒子による自然放出レート増大効果

$$\boldsymbol{\mu}' = \frac{2(\tilde{\varepsilon}/\varepsilon_0 - 1)}{(\tilde{\varepsilon}/\varepsilon_0 + 2)} \frac{a^3}{r^3} \boldsymbol{\mu}_0 \tag{3.22}$$

となる．ナノ蛍光体からの蛍光と金属に誘起された双極子モーメントからの放射は位相関係が揃っているコヒーレントな関係なので，両者が一体となって，以下の双極子モーメント $\boldsymbol{\mu}$ をもつことになる．

$$\boldsymbol{\mu} = \left[1 + \frac{2(\tilde{\varepsilon}/\varepsilon_0 - 1)}{(\tilde{\varepsilon}/\varepsilon_0 + 2)} \frac{a^3}{r^3}\right] \boldsymbol{\mu}_0 \tag{3.23}$$

蛍光体からの自然放出レート γ_r (発光寿命の逆数) はこのモーメントを用いて，

$$\gamma_r = \frac{\omega^3 |\boldsymbol{\mu}|^2}{3\hbar c^3} \tag{3.24}$$

のように表されるので，発光寿命は金属粒子の存在によって大幅に高速化することになる．蛍光体と金属粒子の距離に対する依存性に着目すると，(3.24) 式は $1/r^3$ と $1/r^6$ の項を含むことがわかる．

　一方，励起状態にある蛍光体が金属粒子に接近すると，蛍光体が生成する電場によって金属粒子内で誘電損失 (ジュール熱) が起こり，蛍光を発することなく励起状態のエネルギーを失う．単位体積あたりのジュール熱の大きさは粒子

内の各位置での (分極) 電流と電場の積であり，これを金属粒子の体積で積分すると全損失が求められる．この大きさが蛍光を発せずにエネルギーを失う無放射レート γ_{nr} に比例する．電流は電気伝導度，すなわち誘電率の虚数部に比例することを思い出すと，γ_{nr} の具体的な表式は以下のとおりである．

$$\gamma_{nr} = \frac{\varepsilon''}{8\pi\hbar} \int d\boldsymbol{r} \, |\boldsymbol{E}|^2 \tag{3.25}$$

$\boldsymbol{E}$ は蛍光体からの距離に対して $1/r^3$ で減衰するので，γ_{nr} は $1/r^6$ の距離依存性をもつ．したがって，蛍光体が粒子に接近するに伴い，急激に無放射エネルギー損失の確率が高まる．先の蛍光寿命の増強とあわせて考えると，次のように振る舞うことになる．蛍光体と金属粒子が比較的離れている場合は，両者の接近に伴い $1/r^3$ の依存性をもって自然放出レートが増大するが (発光寿命が短くなる)，さらに接近すると，自然放出レートよりも，$1/r^6$ の依存性をもつ無放射レートが増大し，ほとんど蛍光が発せられない．

3.3.6 金属ナノ粒子を利用したセンシング・分析技術

金属ナノ粒子のプラズモン共鳴の応用として最も注目されているのが，バイオセンサーをはじめとするセンシング・分析技術である．これは，プラズモン共鳴波長が基本的に表面電荷に起因する反電場の強さで決定されているため，環境の変化に対して敏感であること，ならびに共鳴によって局所的に発生する電場強度が外部から照射した光の電場強度よりも数桁強くなるという増強効果による．

3.3.4 項で説明したようにプラズモン共鳴波長は金属粒子を取り囲む溶液の屈折率，あるいは表面に吸着・結合した分子量に応じて敏感に変化し (図 3.14)，定量性も良好である．微小変化に対する感度は，共鳴の鋭さや散乱効率，電場増強度などで決まる．これらを向上させるため，粒子の材料，形状，寸法，利用波長の最適化，均一化などが取り組まれているが，今後も引き続き課題であろう．

2 つの金属粒子が接近することによりその共鳴のスペクトルが大きく変化することを 3.3.2 項で説明した．その応用として，粒子間距離の変化に伴う共鳴シフトをセンシングに利用する方法が提案されている (図 3.14)．生体分子の両

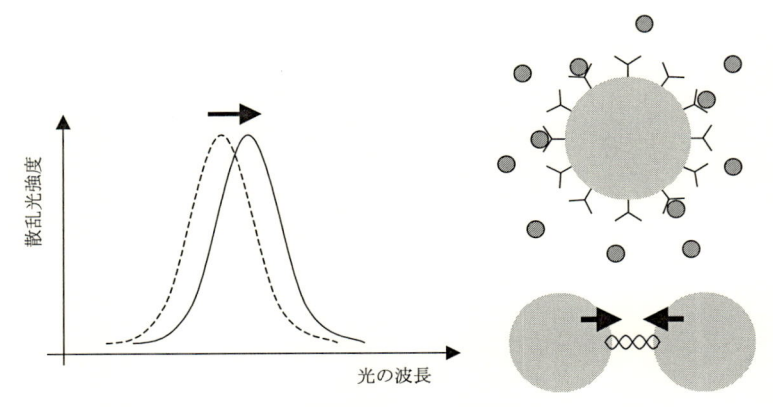

図 3.14 金属ナノ粒子表面への吸着や粒子同士の接近によるスペクトルのシフト

端を金属ナノ粒子と結合させることにより，DNA のハイブリダイゼーションやタンパク分子のコンフォメーションの変化などに伴う，金属粒子間隔を検出している．

　局所的な電場増強効果はたとえば，ラマン散乱分光に利用されている．ラマン散乱断面積は本来非常に小さく，少数分子からのラマン信号を得ることは通常不可能に近い．しかし，金属ナノ粒子近傍に発生する増強電場により吸着分子を照射し，さらにその分子からのラマン信号を金属粒子によって再度増強することにより，通常よりも 10 桁以上強い信号を得ることができる．その際，3.3.2 項にて説明した粒子間，あるいは表面の凹凸に起因するホットスポットが特に有効に働いていると考えられている．この効果により，単一分子のラマン分光計測も実現している．

3.4　半導体量子ドット

　第 2 章の最後で半導体量子構造の意義について簡単にまとめた．量子構造の導入そのものが，個々の量子準位間の遷移の起こりやすさを直接制御する効果は小さく，むしろその状態密度を変化させることにより，デバイス応用上有利な特性が引き出せることを説明した．様々な次元の量子構造の中でもとりわけ量子ドットにおいては，3 次元すべての方向に関してその運動が閉じ込められ

ており，量子力学的な性質が最も顕在化する．その状態密度は原子と同様に完全に離散的になることから，人工原子と呼ばれることもある．本章の後半では半導体のナノ粒子である量子ドットを取り上げ，その光学的性質を詳しく説明したい．

3.4.1 閉じ込めサイズ効果

無限に高い壁で囲まれた立方体形状 (一辺の長さ L) の量子ドットに閉じ込められた電子の波動関数とその閉じ込めエネルギーは以下のようになる．

$$\psi_e(x,y,z) = \sqrt{\frac{8}{L^3}} \sin(\kappa_x x) \sin(\kappa_y y) \sin(\kappa_z z) \tag{3.26}$$

$$E_e = \frac{\hbar^2}{2m_e^*}(\kappa_x{}^2 + \kappa_y{}^2 + \kappa_z{}^2) \tag{3.27}$$

ここで，$\kappa_i = (\pi/L) \times n_i$ ($i = x, y, z$) であり，n_i は正の整数である．波動関数，エネルギー準位を図 3.15 に示す．正孔についても閉じ込めエネルギーを同様に考えると，電子，正孔の最低準位間の遷移エネルギーは以下のようになる．

$$E_{e-h} = E_g + \frac{3\hbar^2}{2\mu^*}\left(\frac{\pi}{L}\right)^2 + E_c \tag{3.28}$$

ここで $\mu^* = (1/m_e^* + 1/m_h^*)^{-1}$ は電子と正孔の還元質量である (E_c はクーロン相互作用による補正項)．この式からわかるように，ドットの大きさが小さいほど遷移エネルギー，すなわちドットが吸収，発光する光のエネルギーは大きくなる．実はこの寸法依存性は非常に強く，ナノ寸法の量子ドットの場合，同じ材料でもその大きさを 2〜3 倍変化させるだけでその発光エネルギーが可視

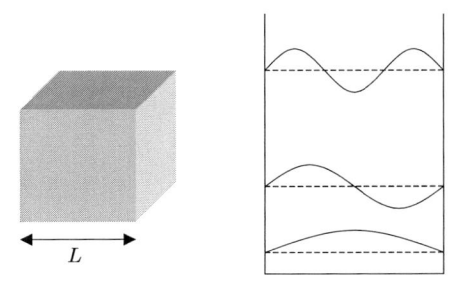

図 3.15 量子ドットに閉じ込められた電子のエネルギー準位と波動関数

光の主要な範囲をカバーするほどに変わる．このような量子ドットは現在市販されており，バイオイメージングへの応用を中心に広く使われている．従来の蛍光分子を用いた標識方法と比較すると，量子ドットは明るく，褪色が起こりにくい．また発光エネルギーよりも高いエネルギーの光を必ず吸収するので，単一の光源で多色イメージングが可能である点も魅力的である．

3.4.2 励起子効果

前項では電子と正孔に働くクーロン相互作用については考慮せず，閉じ込め効果だけを扱った．電子の閉じ込めエネルギーがクーロン相互作用(励起子の束縛エネルギー)よりも大きいときは，後者を前者に対する補正と見なすことが妥当である(図 3.16(a))．寸法の視点からいうと，励起子の寸法よりも量子ドットの寸法の方が小さいときにこのように考えてもよいということになる．一方，量子ドットの寸法が励起子の寸法よりも大きい場合は，考え方が逆になる．つまり，まずクーロン相互作用，続いて閉じ込め効果という順で扱わなくてはならない．言い換えると，まず励起子が形成されており，その励起子の重心運動が量子ドットに閉じ込められていると考える(図 3.16(b))．この場合，最低準位間の遷移のエネルギーはおおよそ以下のようになる．

$$E_{ex} = E_g + \frac{3\hbar^2}{2M^*}\left(\frac{\pi}{L}\right)^2 \tag{3.29}$$

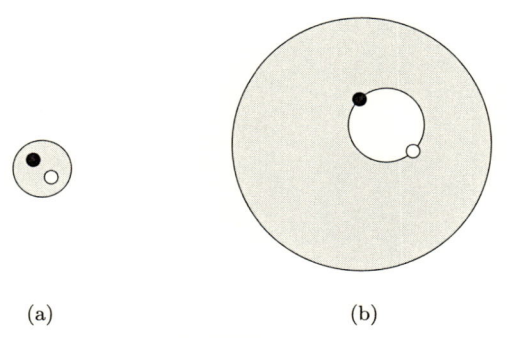

(a) (b)

図 **3.16** (a) 電子と正孔を個別に閉じ込める小さな量子ドットと (b) 励起子を閉じ込める大きな量子ドット

ここで $M^* = m_e^* + m_h^*$ は電子と正孔の質量の和である．先の式 (3.28) と比較すると，非常によく似た表式であるが，質量について μ^* と M^* の違いがある．半導体では一般に電子の有効質量は正孔のそれよりもずっと軽い．したがって μ^* が M^* と比較して軽いことになる．励起子半径よりも小さな量子ドットにおいて，寸法の変化に対して敏感に遷移エネルギーが変化したのは，この還元質量が小さいことに起因している．

その一方で，光との相互作用を増強するという視点からは，励起子よりも大きな量子ドットが有利である．2.4.6 項にて説明した，励起子が形成されることにより光との相互作用が増強される事実を思い出していただきたい．体積 V の量子ドットに閉じ込められた励起子の遷移双極子モーメントは以下の式で与えられる．

$$|\boldsymbol{\mu}_{ex}|^2 = \frac{V}{\pi a_B{}^3} |\boldsymbol{\mu}_{cv}|^2 \tag{3.30}$$

$\boldsymbol{\mu}_{cv}$ はバンド端での電子・正孔間の (クーロン相互作用を考慮しない場合の) 遷移双極子モーメントである．遷移が可能なサイトの数は V に比例し，電子と正孔が同一サイトに見いだされる確率が $1/V_{ex}$ (V_{ex} は励起子の体積) に比例することから，励起子効果によって遷移のモーメントは V/V_{ex} だけ強められることになる．理解を深めるため，以下のような簡単なチェックをしてみる．

① 励起子効果が存在しないとすると，電子と正孔が同一サイトに見いだされる確率は $1/V$ に減少し，遷移のモーメントの増大因子は 1 となる．

② 量子ドットの大きさが励起子の大きさよりも小さい場合，電子と正孔が同一サイトに見いだされる確率はドットの大きさで決まる，つまり $1/V$ に比例するので，この場合も増大因子は 1 となる．

これらより，遷移モーメントの増大は励起子効果が存在し，かつ励起子よりも大きな量子ドットにおいて見られるものである．(3.30) 式を見る限りドットの寸法を大きくすればするほど双極子モーメントが大きくなると期待されるが，寸法があまり大きくなると閉じ込め準位間のエネルギー差が小さくなり，増大効果は頭打ちとなる．以上をまとめ，増大効果の寸法依存性をグラフに示したのが図 3.17 である．

なお，量子ドットの自然放出レートは遷移双極子モーメント $\boldsymbol{\mu}_{ex}$ の逆数に比

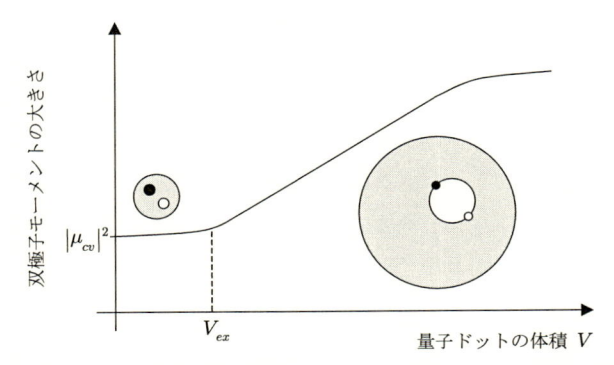

図 3.17 量子ドットの遷移双極子モーメントの大きさとドット体積の関係

例するので,大きな量子ドットほど,発光寿命が短くなる.

3.4.3 量子ドットにおける分極のコヒーレンス

ここではまずローレンツモデルを思い出していただきたい.物質に外から光を照射すると光電場から力を受け,電子が原子核に対して相対的に振動する.すなわち分極が形成される.もし摩擦項が存在しなければ,この振動は減衰することのない単振動となる.2.4.3 項で説明したとおり,これは量子力学的には,光との相互作用によって2つの量子状態間の重ね合わせ状態が作られることに相当し,バネ定数(共鳴周波数)は2つの状態のエネルギー差に対応する.波動関数の中で時間に依存する成分 $\exp(-Et/\hbar)$ が振動の位相を決定しており,2つの状態のエネルギー差が一定である限り,振動の周波数は変化しないので,きれいな単振動を続けることになる(自然放出による振動の減衰は考慮していない).これを「分極のコヒーレンスが保たれる」と表現する.逆にいうと,たとえば格子振動(フォノン)との相互作用によって量子状態のエネルギーが変化すると,振動の周波数は変化してしまう(重ね合わさった2つの量子状態のエネルギーがフォノン散乱によってそれぞれまったく同じだけ変化することはないとする).その相互作用が瞬時の場合は振動の位相に飛びが生じる.いずれにしても,こういった相互作用によって電子の波動関数は光によって覚えこまされた位相情報を忘れてしまう.すなわちコヒーレンスが消失してしまう.このような過程を図 3.18 にまとめておく.

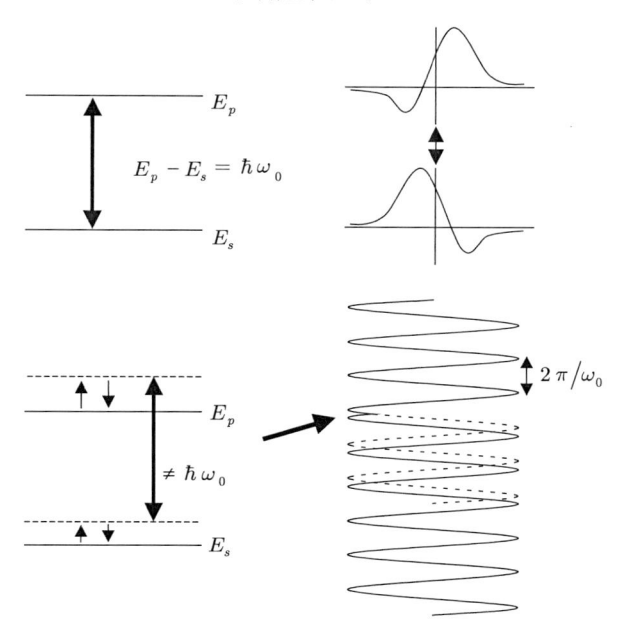

図 3.18 フォノン散乱によりコヒーレンスが消失する様子

　半導体中の電子(励起子)の量子状態を操作,制御する上で,この位相情報が記憶されていることがしばしば重要である.つまり,コヒーレンスができる限り長く保たれることが望ましい.単一,あるいは複数の光パルスによって量子状態間の所望の遷移を起こさせるためには,少なくともそれらの操作中は電子と光の位相関係が崩れてしまっては困るからである.コヒーレンスの維持のための最も直接的な方法は,まず温度を低くし,フォノンの励起数を抑えることである.さらにフォノンとの相互作用自体を抑制することができればより効果的である.その1つの方法は,フォノン散乱によって量子状態が変化するときのその行き先(フェルミの黄金律における終状態)の数を制限するというものである.量子構造の導入は,状態密度の変化を通してこれを実現している.特に量子ドットの場合,状態密度が完全に離散的になるので,フォノン散乱によって遷移する終状態は大きく限定される.さらに,量子ドットでは,電子と強く相互作用するフォノンの波数が限定されたり,(量子ドットと周囲の物質の弾性的な性質が大きく異なる場合)フォノンそのものも電子と同様に量子化された

りといったことが起こり，散乱はさらに抑えられることになる．

フォノン散乱の抑制は，時間コヒーレンス維持の裏返しとして，スペクトルの狭窄化ももたらす．その意義は多岐にわたるが，たとえば多数のドットにおいて，その電子のエネルギー分布を狭いエネルギー幅に集中させることができ，その結果 2.5 節でも説明したとおり，半導体レーザーのしきい値低減などに貢献する．

3.4.4 量子ドットにおけるスピンのコヒーレンス

電子は電荷に加え，スピンという自由度をもっている．しかし，わたしたちの身の周りの電子・光デバイスのほとんどすべては電子が電荷をもつことを利用することにより動作している．昨今，電子のスピンを活用したデバイスが数多く提案され，スピントロニクスという呼称とともに新しい潮流が生まれている．スピンの魅力は多様であるが，ここでは先の分極のコヒーレンスとの対比という形で，量子ドットの意義と関連づけてその一部を説明する．

電子のスピンは上向き，下向きの 2 つの状態を取りうる．通常はこれらの状態のエネルギーは同じ値をもつ (縮退している) ので，あらわに考えることを避けてきたし，その必要もなかった．しかし，磁場下ではゼーマン (Zeeman) 効果により 2 つのスピン状態のエネルギーに差 $\Delta E = g\mu_B B$ が生じる (図 3.19)．ゼーマン分裂の大きさは磁場強度 B に比例し，g と表記した g 因子と呼ばれる物性パラメータによって物質ごとに異なる分裂を示す．μ_B はボーア磁子 (定数) である．量子情報処理への応用では，この 2 つのスピン状態をそれぞれコンピュータにおけるビットと見なし，その重ね合わせ状態をいわゆる量子ビットとして扱う．この重ね合わせ状態を自由に操作，制御，観測することが量子コンピュータを実現するための最低限必要な要素技術である．

分極のコヒーレンスで説明したように，このような量子状態操作のためには，その操作中，量子状態のコヒーレンスが保たれる必要がある．スピンのコヒーレンスの場合，ゼーマン分裂のエネルギー差が変化しないことが要求される．分極ではフォノン散乱による 2 つの電子状態 (価電子帯の正孔と伝導帯の電子) のエネルギー変化量が異なるため，その差である振動周波数の変化，位相の飛びが生じた．しかしスピンの場合，フォノン散乱は直接スピン状態を変化させ

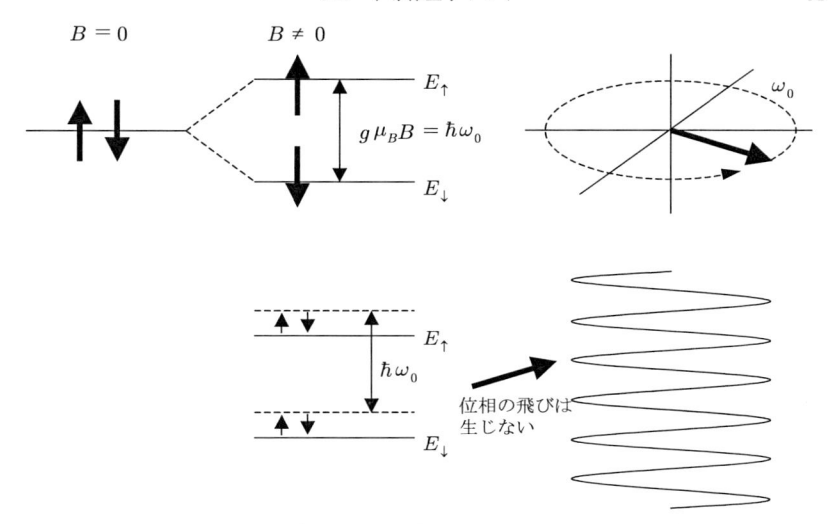

図 3.19　フォノン散乱によりスピンコヒーレンスが保持される様子

ないので，いくらフォノン散乱を受けて電子のエネルギーは変わっても，2つのスピン状態のエネルギー差は基本的には変化しない (図 3.19). つまりコヒーレンスが維持されることになる. よって，スピンの基本的な性質として，そのコヒーレンス時間が分極の場合よりもずっと長いことが挙げられる.

では，スピンのコヒーレンスが消失するメカニズムについて簡単に触れておきたい. まず反転対称性のない結晶の場合，右方向と左方向に進む電子 (波数 k と $-k$ をもつ電子) ではそのエネルギーが異なり，それは結果として，同じ波数をもつ電子においてスピンの向きによってエネルギーに差を生じさせる. これは電子に対して実効的に磁場が印加されていることと等価である. 電子の波数の方向によって感じる磁場の向き，大きさが異なるため，散乱によって波数が変化することにより，2つのスピン状態のエネルギー差が変化し，コヒーレンスが消失する (図 3.20(a)).

次に主に正孔のスピンコヒーレンス消失をもたらすメカニズムについて考える. 第 2 章で説明したとおり，価電子帯の頂上付近の正孔は p 軌道の性質を強くもつ. したがってこの p 軌道とスピンとの間にはスピン・軌道相互作用が存在し，軌道角運動量とスピン角運動量との合成角運動量についての固有状態を

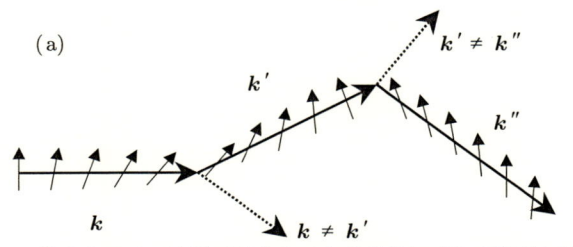

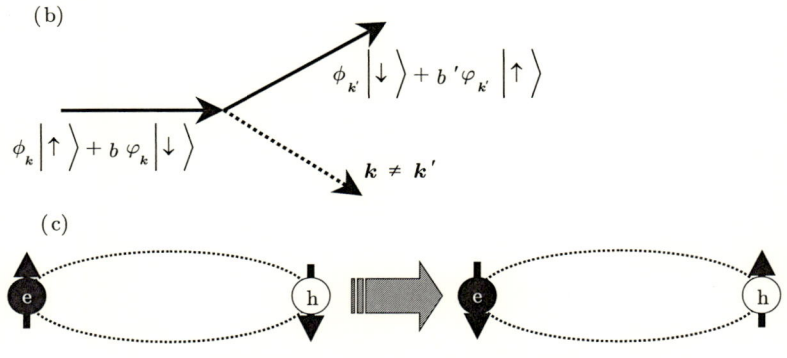

図 3.20　スピンコヒーレンスが消失する機構

考えなくてはならない．その結果，正孔の波動関数は上向きスピンと下向きスピンが混ざり合っている (たとえば，合成角運動量が $1/2$ の状態は，軌道角運動量 1 とスピン角運動量 $-1/2$(下向きスピン) の状態と軌道角運動量 0 とスピン角運動量 $1/2$ の状態の重ね合わせとなっている)．同じスピンをもつ状態間ではフォノン散乱による遷移が可能となるので，このようなスピンが混ざり合った正孔では，フォノン散乱を介したスピン状態の大きな変化が起きてしまう (図 3.20(b))．電子の場合は，伝導帯の底部が s 軌道的なので，スピン・軌道相互作用は存在せず，波動関数において上向きスピンと下向きスピンが混ざり合うことはない．

もう 1 つ重要なメカニズムは電子と正孔の交換相互作用である．電子と正孔のスピンの向きが同じか反対かによってクーロン相互作用の大きさが異なることに起因する．この相互作用は直接スピンに作用し，電子と正孔のスピンが同時に反転するというスピンフリップ・フロップ，つまり電子のスピン角運動量

をħだけ増加させると同時に正孔のスピン角運動量をħだけ減少させる，あるいはその逆のスピン角運動量変化が起こる(図3.20(c)).

3.4.5 量子ドットにおけるスピン状態の生成

ここまではスピン状態のコヒーレンスについて説明してきたが，そもそもスピンが揃った状態を生成するにはどのようにしたらよいであろうか．角運動量の定まった円偏光の光を照射すれば同じ方向を向いた電子スピンを生成できるように思われるが，正孔の複雑な波動関数のために実際にはそれほど単純ではない．スピン状態の生成にあたって量子構造の導入がカギとなることを，図3.21を使って説明したい．上で触れたように，伝導帯の底部の電子はその軌道の波動関数が s 軌道的であり，角運動量はスピンがもつ $+1/2$ と $-1/2$ である．一方，正孔については p 軌道的であることから合成軌道角運動量は $3/2$ であり，その z 成分は $+3/2, -3/2$(重い正孔) と $+1/2, -1/2$(軽い正孔) となり，バルクではこれらの正孔のエネルギーはすべて等しい．ここで右回り円偏光の光をこの系に照射すると，角運動量を $+1$ だけ変化させる 2 つの遷移が生じる．2つ

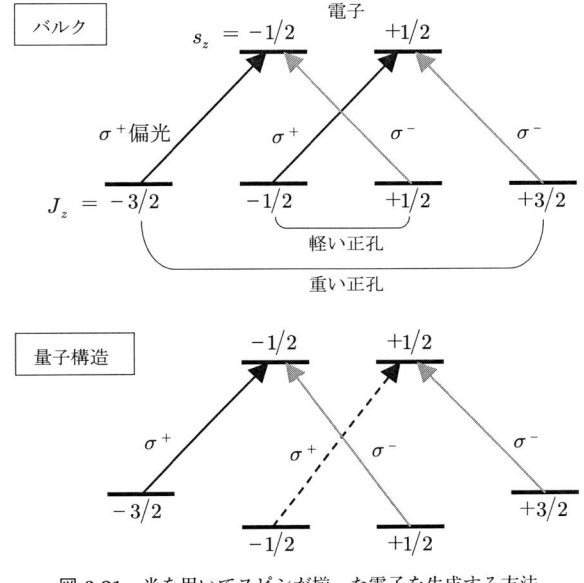

図 3.21 光を用いてスピンが揃った電子を生成する方法

の遷移のうち，一方は電子のスピンが $+1/2$ の状態への遷移であり，もう一方は $-1/2$ への遷移である．つまり励起された電子のスピンは揃っていない．ここで量子構造を導入すると状況が大きく変わる．量子構造中では，重い正孔と軽い正孔では，その質量の違いに起因して閉じ込めエネルギーが異なる．つまりエネルギーの縮退が解ける．そこで，たとえば重い正孔からの遷移に共鳴するような波長の光を照射すると，軽い正孔からの遷移は起こらなくなる．したがって励起される電子のスピンは $-1/2$ のみであり，スピンが揃った状態が生成されるというからくりである．

3.4.6 量子ドット中の強い電子・正孔相互作用

量子ドットの話題の締めくくりとして，電子同士，正孔同士，あるいは電子・正孔間の相互作用の増強について触れておきたい．量子ドットでは電子や正孔が狭い空間に閉じ込められるので，それらの相互作用はバルク中と比較して大きなものとなる．しかもその相互作用の符合や大きさは量子ドットの物質，寸法や電子・正孔の数，外場によって制御することが可能である．

比較的大きな (励起子寸法よりも大きな) 量子ドットでは，たとえばドット中に2つの励起子が生成されると，それらの間には引力が働く．これは2つの水素原子が水素分子を形成する状況と似ており，励起子分子と呼ばれている．励起子分子はドットの大きさに応じた束縛エネルギーをもち，(励起子の大きさよりは大きいという範囲で) 量子ドットが小さいほどその値は大きくなる．その結果，励起子分子が発光して1つの励起子となる場合と，1つの励起子が発光して量子ドットが空になる場合とでは，その発光のエネルギーが束縛エネルギー分だけ異なる．ドットの中に3つ以上の励起子が生成された場合も状況は同じであり，1つ1つの励起子が消滅する際の発光のエネルギーはそれぞれ異なる．この事実はたとえば，量子暗号通信に必要な，単一フォトンを規則的に放出する光源を実現するにあたって有効に活用できる．図3.22を使って説明してみたい．周期的なパルス照射によって量子ドット中に励起子を生成し，その発光を光源として利用する．しかしパルス照射ごとに100%の確率で (0でも，2つでもなく) 1つの励起子を生成することは不可能である．生成される励起子が0であるという確率を下げるためには，平均して2つ，3つの励起子を生成するよ

3.4 半導体量子ドット

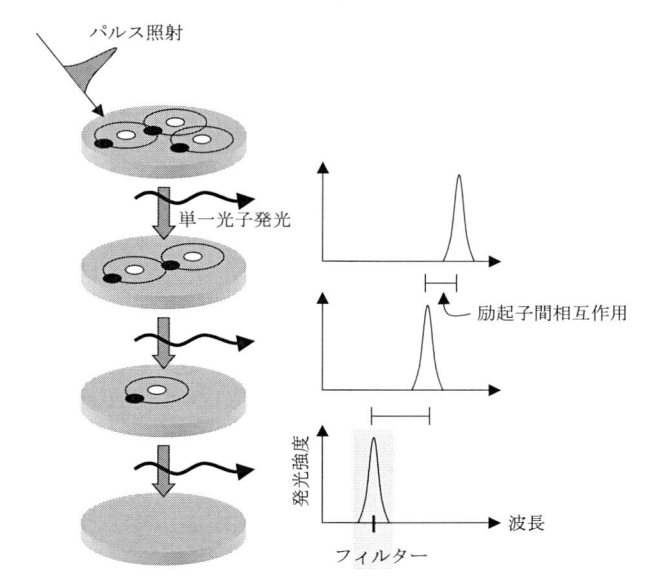

図 3.22 パルス照射ごとに確実に 1 つの光子を抜き出す方法

うな強度の光を照射する必要がある．するとパルス照射ごとにドットからは 2 つ，3 つのフォトンが放出されるが，上で説明したように個々のフォトンのエネルギーが異なっていれば，最後に残った 1 つの励起子が発するフォトンだけをフィルターによって抜き出すことが可能である．つまりパルス照射ごとに 1 つのフォトンだけを発するデバイスを実現することができる．

　ドットの大きさが小さい場合は，むしろ逆に 2 つ目の電子・正孔がドットの中に形成されることにより，そこに斥力が働くこともある．このときは 2 つの電子・正孔対のうちの 1 つの対が消滅するときの発光エネルギーの方が高いエネルギーをもつことになる．また，量子ドットとその周囲のバリア層の物質の組み合わせによっては，正孔はドットに閉じ込められるが，電子は周囲のバリアの方がエネルギー的に安定であるといった状況もある．ドットとバリアの通常のエネルギー関係が図 3.23(a) のようになっているのに対して (タイプ I 型と呼ばれている)，このようなドットではそれが図 3.23(b) のようになっている (タイプ II 型)．この場合は正孔同士の相互作用が強く働くので，全体としてみた場合，2 つの電子・正孔対の間の関係は斥力相互作用となる．

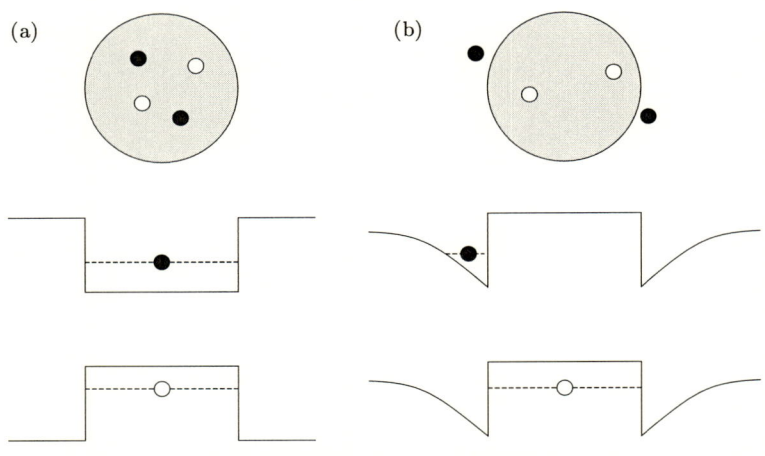

図 3.23 (a) タイプ I 型量子ドットと (b) タイプ II 型量子ドット

　量子ドットの周囲のバリアにドーピングを施すと，余剰キャリアが発生し，それが量子ドットに捕獲される．一方，光励起によってキャリアを生成する場合は，必ず電子と正孔が対で生成される．したがってこのような余剰キャリアが存在する場合，量子ドットに閉じ込められた電子と正孔が同数でない状況が起こる．これは荷電励起子と呼ばれ，これまでと同様，励起子と余剰キャリアの相互作用により，励起子の発光エネルギーが変化する．さらに，たとえば余剰キャリアとして電子が 1 つ閉じ込められた状況で，励起子を共鳴的に光で生成する，あるいは励起子が発光する場合，励起光，発光の偏光状態は電子スピンの向きを反映したものとなる．これは荷電励起子が余剰キャリアのスピン状態の生成，制御，観測などに活用できることを意味している．また，ゲート電極を設け，電場を印加することによりドットに閉じ込められる余剰キャリア数を制御することができる．

Chapter 4

光学応答の量子論

　第2章では物質の光学応答が古典的調和振動子モデルを使って記述できることを明らかにした．ローレンツモデルでは，原子核 (イオン核) に捕らえられた電子をバネにつながれた振動子と見立てることによって，入射光に対応する振動電場に対する応答を定式化した．得られた解はバネの固有振動と電場の振動からなり，物質の光スペクトル (光の振動数 (周波数，もしくは波長) に対する応答 (屈折，反射，吸収)) をよく再現する．しかし物質のミクロな構造に着目するとき，その詳細な応答は量子論を使って解析する必要がある．我々はすでに 1.5 節において，そのような物質を構成する原子に着目した解析を行ってきた．離散的な電子準位間の遷移を一定のレートをもつ吸収と放出過程で表すことによって黒体放射スペクトルを再現した．しかしながら遷移レートの中身を知るために原子を構成する電子をミクロな視点から捉える必要がある．

　本章では主に物質状態を量子論で扱うことによって，ミクロな視点から光と物質の相互作用についてより深く考察していく．以下では量子論の基礎的な枠組みの説明から始める (4.1 節) が，その目指すところは第2章で考えたような古典論における光学応答を微視的 (ミクロ) に記述することに他ならない．4.2 節では相互作用の片方を担う電磁場の量子化を行う．電磁波の言葉からもわかるとおり，光の場合は波動性が古典論から特徴づけられる性質であるが，物質との相互作用でエネルギーの受け渡しを行う場合は，エネルギー $\hbar\omega$ の粒子としての性質があらわとなる．ここでは量子論の重要な項目である調和振動子の量子化とともに，場の量子化の手続きについて概観する．4.3.1 項では原子様の離散的なエネルギー固有値をもつ電子状態に対し，古典的電磁波との電気双極子相互作用によってその時間発展を導出する．得られた結果から光学遷移確

率を特徴づけるパラメータについて考察する (4.3.2 項). 引き続き 4.3.3 項では光学遷移に着目するが，ここでは特に光と強く結合した 2 準位系を考える. 光との強い相互作用は励起状態と基底状態との間で誘導吸収と誘導放出を繰り返しながら振動する時間発展をもたらす. このラビ振動は電磁場を量子化することによって「電磁場から光子を 1 つ吸収した励起状態」と「電磁場へ光子を 1 つ放出した基底状態」の間の振動であることが示される. また電磁場に光子の存在しない真空場に対しても同様の振動が生じうることが示される. これは多モード電磁場との相互作用へと拡張することによって自然放出を与える. ここまでの議論をもとに，4.4 節では対象とする物質を孤立原子から結晶に拡張する. 量子論に基づいて結晶中電子状態を再考し，光学遷移についてまとめる. 最後に 4.5 節で励起電子に対する緩和プロセスとそれが量子論としていかに定式化されるか概観する.

4.1 量子論の基礎

本章では量子力学を基礎として光と物質の相互作用を取り扱う. これまでと同様，基礎的事項 (本章では量子論) の本質的な理解や知識の習得は他の教科書や専門書に任せて，ここでは今後の議論展開に最低限必要な項目のみを簡単にまとめておきたい. 量子論はミクロの世界を記述する物理学であり，観測によって得られる物理量 (位置や運動量など) を確率分布として特徴づける. 似たような確率的取り扱いは第 1 章で取り上げた統計力学を基礎とする古典論にもみることができるが，確率を適用する対象が量子論では本質的に異なる. たとえば古典統計力学ではマクロな物理量を様々なミクロ状態の確率的な分布として記述する. これに対して量子論はミクロ状態そのものが確率的に扱われる. そのため古典論とは異なる定式化のアプローチが必要とされる.

具体例として図 4.1(a) に示すような二重スリットによる干渉実験を考えよう. レーザー光源にアッテネータを挿入し十分微弱にした後，二重スリットを通して光強度を検出する. 通常使用されるレーザー光強度では，波の回折と同様スリット間隔に依存した空間的に広がりをもつ回折パターンが現れる. 光強度が十分微弱になると，図 4.1(b)〜(d) に示されるように CCD (電荷結合素子) の 1

4.1 量子論の基礎

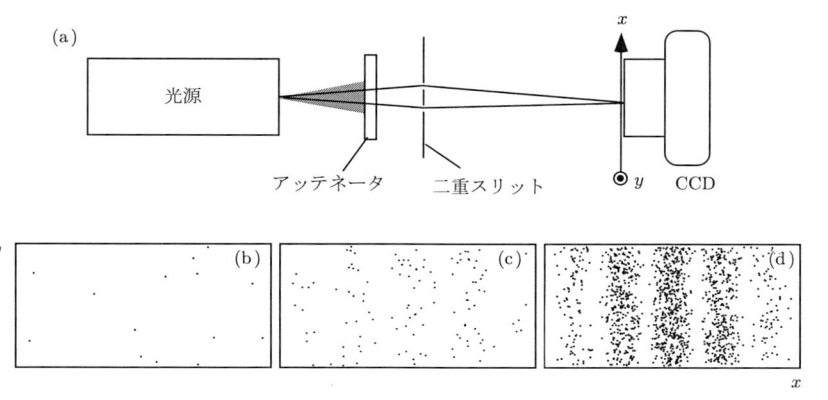

図 4.1 光子検出によるヤング (Young) の二重スリットの干渉実験
(a) 装置の概略．アッテネータで光源の強度を十分微弱にして使用する．光子数 (b) 50,
(c) 500, (d) 5000.

ピクセル素子ごとにまばらに検出される．電磁波の波動性を考えると，波の振幅は空間的に連続的であるはずなので，この結果は光の粒子性を直接反映していることがわかる．すなわち微弱光においては，空間的に局在した光子として CCD のピクセルごとに空間分解される．この像におけるもう 1 つの重要な特徴は，検出される光子数が増加すると，波動性を反映した回折パターンが現れることである (図 4.1(d))．光子が CCD 面上で観測されるとき，1 つの光子は 1 つの電子に変換されているはずだから，ピクセルの輝点は確率的に中途半端なものではないはずである．それにもかかわらず，測定結果は光子の波動としての回折パターンを反映している．すなわち観測によって得られる空間分布は波動性を帯びた光子の存在確率として与えられることを示している[*1]．言い換えると量子論ではミクロ状態の空間的な波動性と観測によって得られる粒子性を同時に満足するような定式化が必要とされる．

このような数学的定式化の便宜上，物理量の観測行為や物質状態は抽象的な表現として導入される．量子論の基本理念が観測される物理量の確率分布を求めることを目的とするため，確率分布以外の数量は理論的に矛盾しなければ抽象的でもかまわない．一般的な演算子形式の量子論において，物質状態は波動

[*1] ここでは光子を観測対象にしたが，二重スリット実験では電子に置き換えられた測定結果も同様である．

関数 ψ で表される.ここで ψ は複素関数であり,複素共役関数を ψ^* と表す.先の測定例に対しては時間 t と位置 r で表される電子の波動関数 $\psi(r,t)$ で与えられる.関数 $\psi(r,t)$ の物理的な実態を考える必要はないが,任意性を取り除くために規格化条件

$$\int \psi(r,t)^* \psi(r,t) dr = 1 \tag{4.1}$$

が設定される.ここで $\psi(r,t)^*\psi(r,t)dr$ は,ψ に対応する物質状態を体積要素 dr の中に見いだす確率と考えることができる.この場合,状態 $\psi(r)$ は全空間のどこかに存在しなければならないので規格化条件の導入はごく自然に理解できる.

他方,観測行為は各観測に対応した演算子 $\hat{A}$ で定義される[*2].量子論における演算子 $\hat{A}$ はエルミート演算子 (後述) で与えられ,観測される物理量が実数となる条件を満足する.これにより観測によって得られる粒子性をうまく反映できる.このとき観測される物理量の期待値 $\langle A \rangle$ は

$$\langle A \rangle = \int \psi(r,t)^* \hat{A} \psi(r,t) dr \tag{4.2}$$

で与えられる.ポテンシャルエネルギー $V(r)$ 中に置かれた質量 m の粒子の古典力学的エネルギー H_c (ハミルトニアンと呼ばれる) は運動エネルギーとの和をとった

$$H_c = \frac{p^2}{2m} + V(r) \tag{4.3}$$

で表される.これに対するエネルギー演算子 $\hat{H}$ は

$$\hat{H} = \frac{\hat{p}^2}{2m} + V(\hat{r}) \tag{4.4}$$

となる.ここで $\hat{p}$ と $\hat{r}$ はそれぞれ位置と運動量のエルミート演算子 (後述) であり,

$$r \longrightarrow \hat{r} \qquad p \longrightarrow \hat{p} = -i\hbar \nabla$$

と変換される.このように古典論との対応関係から量子論の演算子を構成する

[*2] 任意の関数 y に対して1つの関数 $\hat{T}y$ を対応させる演算規則 $\hat{T}$ があるとき,$\hat{T}$ を演算子と呼ぶ.

方法を正準量子化と呼ぶ．このとき位置と運動量の交換関係は

$$[\hat{\boldsymbol{r}}, \hat{p}] = \hat{\boldsymbol{r}}\hat{p} - \hat{p}\hat{\boldsymbol{r}} = i\hbar$$

となり，不確定性原理を満足することが確認できる．

ところで物理量の観測は時間変化を測定する場合が多い．一般的な量子論において時間 t は代数的変数として扱うのが便利なため，時間発展を記述する場合はハミルトニアンを先の位置と運動量の交換関係に倣って

$$\hat{H} = i\hbar \frac{\partial}{\partial t}$$

と表して用いる．この結果 $\psi(\boldsymbol{r}, t)$ の満たす運動方程式は

$$i\hbar \frac{\partial}{\partial t} \psi(\boldsymbol{r}, t) = \hat{H} \psi(\boldsymbol{r}, t) \tag{4.5}$$

で与えられるシュレディンガー方程式で表される．この式が物理量の時間発展を求める際に我々の解くべき方程式である．この偏微分方程式を満足する解の1つは

$$\psi_n(\boldsymbol{r}, t) = \phi_n(\boldsymbol{r}) \exp\left(\frac{-iE_n t}{\hbar}\right) \tag{4.6}$$

である．ここで ϕ_n はハミルトニアンに対する固有値方程式

$$\hat{H} \phi_n(\boldsymbol{r}) = E_n \phi_n(\boldsymbol{r}) \tag{4.7}$$

を満たす．すなわち E_n はエネルギー固有値であり，$\phi_n(\boldsymbol{r})$ はエネルギー固有状態である．ポテンシャル中にエネルギー固有値が存在する場合，その電子状態は束縛電子とも呼ばれる．またこのときエネルギー固有値は離散的でありエネルギー準位，電子準位とも呼ぶ．この定式化を第2章で考えたローレンツモデルと対比させて整理しておこう．$E_n = \hbar\omega_n$ であることに注意すると，ローレンツモデルで記述している原子は固有振動数 ω_n に相当する固有状態をもっている．すなわちローレンツモデルで天下り的に与えられた固有振動数 ω_0 は，電子の束縛ポテンシャル $V(\hat{\boldsymbol{r}})$ によって決定されたエネルギー固有値に対応する．一例として図4.2に1次元ポテンシャル中に束縛された電子の波動関数を離散的なエネルギー準位ごとに図示する．このような原子系に対して入射光に

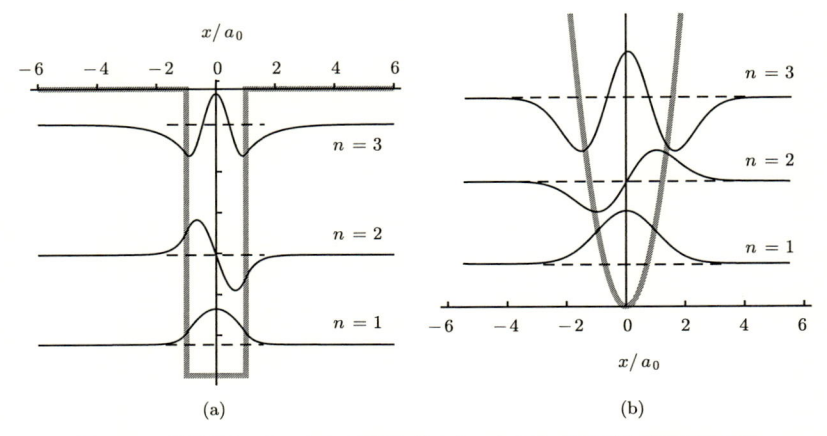

図 4.2 1次元ポテンシャル中の電子に対するエネルギー固有値と波動関数の例
(a) 有限障壁の井戸型ポテンシャル．(b) 調和ポテンシャル中に束縛された $n = 1 \sim 3$ の電子状態を示してある．横軸はボーア半径 $a_0 = \hbar^2/me^2$ で規格化してある．

相当する強制振動項を加えたのがローレンツモデルの運動方程式であり，量子論では (4.5) 式のシュレディンガー方程式に対応する (ただし入射光に対応するハミルトニアンは (4.5) 式にはいまだ含まれていない．電磁場の演算子や光との相互作用を含めた摂動論は次節以降で詳しく述べる)．ローレンツモデルの解である振動子の質点変位は，量子論では各固有状態の波動関数 $\phi_n(\boldsymbol{r})$ の時間発展の形で書かれる．このことは量子論の要請事項であるミクロ状態の空間的な波動性と観測によって得られる粒子性を同時に満足するような定式化が図られたことに相当する．

現実的なポテンシャルから束縛電子のエネルギー固有値 (エネルギー準位または電子準位) を求めることは割愛するが，1つの価電子をもつ原子に使われる水素原子モデルに対して，電子の固有状態に対する指標を簡単にまとめておく．水素原子で利用される束縛ポテンシャルは3次元空間で等方的なクーロンポテンシャル $V(\boldsymbol{r}) \propto 1/r$ であり，このとき電子の独立な固有状態を後述の状態ベクトルを用いて記述すると，

$$\langle r, \theta, \phi | \psi \rangle = \langle r | R_{n\ell} \rangle \langle \theta, \phi | Y_\ell^m \rangle \langle \uparrow, \downarrow | s \rangle \tag{4.8}$$

のようになる．ここで $R_{n\ell}(r)$ は動径方向の波動関数，$Y_\ell^m(\theta, \phi)$ は軌道角方向の波動関数 (球面調和関数)，$s(\uparrow, \downarrow)$ はスピン波動関数である．各量子数は次の

4.1 量子論の基礎

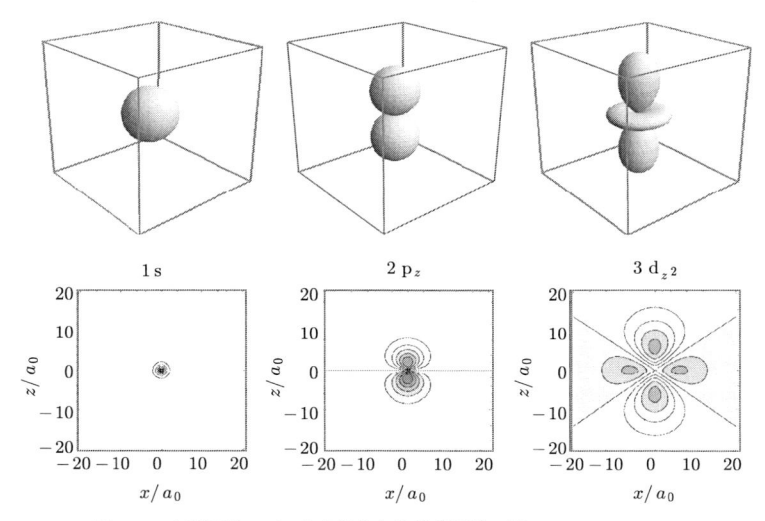

図 4.3 水素原子モデルから得られる波動関数の例 (1s, 2p$_z$, 3d$_{z^2}$)
上段は実空間における軌道角方向の波動関数を 3 次元的に表したものであり，下段は対応する動径方向波動関数振幅の xz 平面における等高線図．

ような意味をもつ．

- 主量子数 n：エネルギー準位を指定する．K 殻 (n=1), L 殻 (n=2), M 殻 (n=3),…．
- 軌道量子数 ℓ：電子の軌道角運動量 $\hbar\ell$ を指定する．s (ℓ=0), p (ℓ=1), d (ℓ=2), f (ℓ=3), …, $\ell = n-1$.
- 磁気量子数 m：軌道角運動量 ℓ の射影．$-\ell \leq m \leq \ell$.
- スピン量子数 s：電子の自転運動に相当 (ただし古典力学的なイメージとは異なる)．各 n, ℓ, m に対して↑(上向きスピン) と↓の 2 つの状態をとる．

水素原子モデルに基づいた量子数の対応関係を表 4.1 にまとめた．また特徴的な形状をもつ波動関数の例を図 4.3 に示す．

ところで波動関数は数学的に使い勝手のよい状態ベクトル $|\psi\rangle$ を用いて表すこともできる．状態ベクトルを用いると波動関数は

$$\psi(\boldsymbol{r},t) = \langle \boldsymbol{r}|\psi\rangle$$

と表される．一般化された状態を表す場合は位置依存性を明らかにしなくてもよいので $|\psi(t)\rangle$，もしくは単に $|\psi\rangle$ と書けばよい．また複素共役関数を

表 4.1 水素原子モデルの量子数と波動関数

n	ℓ	m		$R_{n\ell}$	Y_ℓ^m
1	0	0	1s	$R_{10} = A2\exp(-\rho/2)$	$Y_0^0 = \dfrac{1}{\sqrt{4\pi}}$
2	0	0	2s	$R_{20} = \dfrac{A}{2\sqrt{2}}(2-\rho)\exp(-\rho/2)$	$Y_1^0 = \sqrt{\dfrac{3}{4\pi}}\cos\theta$
	1	0	$2\mathrm{p}_z$	$R_{21} = \dfrac{A}{2\sqrt{6}}\rho\exp(-\rho/2)$	$Y_1^{\pm 1} = \mp\sqrt{\dfrac{3}{8\pi}}\sin\theta\exp(\pm i\phi)$
		+1	$2\mathrm{p}_x$		
		-1	$2\mathrm{p}_y$		
3	0	0	3s	$R_{30} = \dfrac{A}{9\sqrt{3}}(6-6\rho+\rho^2)\exp(-\rho/2)$	
	1	0	$3\mathrm{p}_z$	$R_{31} = \dfrac{A}{9\sqrt{6}}(4-\rho)\rho\exp(-\rho/2)$	
		+1	$3\mathrm{p}_x$		
		-1	$3\mathrm{p}_y$		
	2	0	$3\mathrm{d}_{z^2}$	$R_{32} = \dfrac{A}{9\sqrt{30}}\rho^2\exp(-\rho/2)$	$Y_2^0 = \sqrt{\dfrac{5}{16\pi}}\left(3\cos^2\theta - 1\right)$
		+1	$3\mathrm{d}_{zx}$		$Y_2^{\pm 1} = \mp\sqrt{\dfrac{15}{8\pi}}\sin\theta\cos\theta\exp(\pm i\phi)$
		-1	$3\mathrm{d}_{yz}$		
		+2	$3\mathrm{d}_{xy}$		$Y_2^{\pm 2} = \mp\sqrt{\dfrac{15}{32\pi}}\sin^2\theta\exp(\pm 2i\phi)$
		-2	$3\mathrm{d}_{x^2-y^2}$		
⋮	⋮	⋮		⋮	⋮

* $A = (Z/a_0)^{3/2}$, $\rho = 2Zr/na_0$. ここで Z は原子番号である.

$$\psi(\boldsymbol{r},t)^* = \langle\psi|\boldsymbol{r}\rangle$$

のように表す.このとき (4.1) 式の規格化条件は

$$\langle\psi|\psi\rangle = \int \langle\psi|\boldsymbol{r}\rangle\langle\boldsymbol{r}|\psi\rangle d\boldsymbol{r} = 1 \tag{4.9}$$

で与えられる.$\langle\psi|\psi\rangle$ は状態ベクトル $|\psi\rangle$ の内積に相当する.またこの式からわかるように

$$|\psi\rangle = \int |\boldsymbol{r}\rangle\langle\boldsymbol{r}|\psi\rangle d\boldsymbol{r} \tag{4.10}$$

である.すなわち波動関数 $\psi(\boldsymbol{r},t)(\equiv \langle\boldsymbol{r}|\psi\rangle)$ は状態ベクトル $|\psi\rangle$ の位置の基底ベクトル $|\boldsymbol{r}\rangle$ における確率振幅に相当することがわかる.つぎに (4.2) 式の期待値は

$$\langle A\rangle = \int d\boldsymbol{r} \int d\boldsymbol{r}' \langle\psi|\boldsymbol{r}\rangle\langle\boldsymbol{r}|\hat{A}|\boldsymbol{r}'\rangle\langle\boldsymbol{r}'|\psi\rangle = \langle\psi|\hat{A}|\psi\rangle \tag{4.11}$$

と表される.先の場合と同様に上の式は $|\psi\rangle$ と $\hat{A}|\psi\rangle$ の内積に相当し,$|\psi\rangle$ が

有限次元のベクトルである場合に $\hat{A}$ は行列と見なすことができる. たとえば $\hat{A}$ の m 行 n 列の演算子行列要素 A_{mn} は $\langle m|\hat{A}|n\rangle$ で与えられる. 固有ベクトル $|n\rangle$, $|m\rangle$ に対応する波動関数を ψ_n, ψ_m として書き直すと,

$$A_{mn} = \langle m|\hat{A}|n\rangle \equiv \int \psi_m^*(\boldsymbol{r})\hat{A}\psi_n(\boldsymbol{r})d\boldsymbol{r}$$

である. 最後に (4.5) 式で与えられるシュレディンガー方程式は状態ベクトルを用いて

$$i\hbar\frac{\partial}{\partial t}|\psi\rangle = \hat{H}|\psi\rangle \tag{4.12}$$

と表される. ここまでの定式化からわかるように, 系の時間発展は状態ベクトルが受けもち, 演算子は定常的である. このような表示はシュレディンガー表示と呼ばれる. この他, 演算子のみに時間依存性をもたせる表示をハイゼンベルグ (Heisenberg) 表示, 両者に時間依存性をもたせる相互作用表示をとることもできる. シュレディンガー方程式の目的は観測される物理量を求めることにあるので, これを記述するための手段である状態や演算子の時間依存性は一貫して用いる限り自由にとることができる.

ここで観測を表す演算子に課される条件について述べておきたい. 演算子 $\hat{A}$ が観測可能な物理量を与えるとき, 任意の状態ベクトル $|\psi\rangle$ と $|\psi'\rangle$ に対して次の条件式を満たす必要がある.

$$\langle\psi|\hat{A}|\psi'\rangle = \langle\psi|\hat{A}|\psi'\rangle^* \tag{4.13}$$

この条件式は演算子のエルミート性と呼ばれる. ここで $\hat{A}$ の複素共役をとって転置した行列 $\hat{A}^\dagger (\equiv (\hat{A}^*)^t)$ を用いると右辺の複素共役は $\langle\psi'|\hat{A}^\dagger|\psi\rangle$ と表される. $\hat{A} = \hat{A}^\dagger$ のときの $\hat{A}$ は一般にエルミート演算子と呼ばれる.

(4.13) 式からエルミート演算子の固有値と固有ベクトルに関する次の定理が導かれる[*3].
- 演算子の固有値は実数である. すなわち観測される物理量は実数である.
- 異なる固有値に属する固有ベクトルとは直交する.
- 固有ベクトルの全体は完全形を作る. すなわち系の任意の状態ベクトルは固有ベクトルの線形結合として展開できる.

[*3] もちろんこれらの定理は波動関数表示の場合にも成立する.

たとえば (4.6) 式で与えられるハミルトニアンの固有関数 $\phi_n(r)$ について 2 番目の定理に規格化条件を合わせると

$$\langle \phi_n | \phi_m \rangle = \delta_{n,m} = \begin{cases} 1, & n = m \\ 0, & n \neq m \end{cases} \qquad (4.14)$$

となる (正規直交関係). また 3 番目の定理は任意の状態ベクトル $|\varphi\rangle$ が

$$\langle r | \varphi \rangle = \sum_n c_n \langle r | \phi_n \rangle \qquad (4.15)$$

のように展開できることを意味している．状態ベクトルが時間発展するような場合，確率振幅 c_n は時間の関数 $c_n(t)$ である．このように量子系の状態は正規直交関係を満たすベクトルで展開される．最後に次節からの具体的な計算にも登場する位相因子 $\exp(i\theta)$ の意味について述べておきたい．規格化された状態ベクトル $|\psi\rangle$ に位相因子 $\exp(i\theta)$ を掛けても規格化条件は満たされる．なぜなら複素数の絶対値は変化しないからである．したがって $|\psi\rangle$ と $\exp(i\theta)|\psi\rangle$ は同じ量子状態を表す．

4.2 電磁場の量子化

4.2.1 調和振動子

光の場合は波動性が古典論から特徴づけられる性質であるが，光が物質と出会いエネルギーを交換するときは光子として振る舞う．光を量子化したものが光子であり，この統計論的性質は第 1 章において詳しく述べた．このときの考察からわかるように光子は $\hbar\omega$ を基本単位とする等間隔のエネルギー準位をもつ．このような準位構造は調和振動子モデルに帰属される．調和振動子は量子論の中でも非常によく用いられるモデルであり，光子以外にも結晶中の格子振動や分子振動，放物線ポテンシャルをもつ閉じ込め構造などに適用される．本節では電磁場を量子化するためにまず調和振動子のハミルトニアンを導出することからはじめよう．

周波数 ω の単位質量をもつ調和振動子の古典エネルギーからハミルトニアン $\hat{H}$ は

$$\hat{H} = \frac{\hat{p}^2}{2} + \frac{\omega^2 \hat{q}^2}{2} \tag{4.16}$$

と表される.ここで $\hat{p}$ は運動量,$\hat{q}$ は位置の演算子であり,正準交換関係 $[\hat{q},\hat{p}] = i\hbar$ を満たすことは前節と同様である.このハミルトニアンの固有関数は解析的に求まり,天下り的に記述しておくと以下のようにエルミート多項式 $H_n(x)$ を用いて記述される.

$$\phi_n(x) = \sqrt{\frac{1}{2^n n!}} \sqrt{\frac{\omega}{\pi\hbar}} H_n\left(\sqrt{\frac{\omega}{\hbar}} x\right) \exp\left(-\frac{\omega}{2\hbar} x^2\right) \tag{4.17}$$

このとき固有エネルギー E_n は

$$E_n = \hbar\omega \left(n + \frac{1}{2}\right), \qquad n = 0, 1, 2, \cdots \tag{4.18}$$

となり,等間隔で量子化されていることがわかる(図 4.2(a) に等間隔なエネルギー準位をその波動関数とともに示してある).ここで最低準位である $n=0$ のエネルギー固有値 $E_0 = (1/2)\hbar\omega$ は,振動子のない真空状態においても有限エネルギーをもつ固有状態が存在することを示しており,零点振動エネルギーと呼ばれる.より物理的本質をもたらす観点からハミルトニアンの意味を知るために,ここで以下のように定義された 2 つの新しい演算子 $\hat{a}$ と $\hat{a}^\dagger$ を導入する.

$$\begin{aligned}\hat{a} &= \frac{1}{\sqrt{2\hbar\omega}}(\omega\hat{q} + i\hat{p}) \\ \hat{a}^\dagger &= \frac{1}{\sqrt{2\hbar\omega}}(\omega\hat{q} - i\hat{p})\end{aligned} \tag{4.19}$$

$\hat{p}$ および $\hat{q}$ を $\hat{a}$ と $\hat{a}^\dagger$ を用いて表すと,

$$\begin{aligned}\hat{p} &= \frac{1}{i}\sqrt{\frac{\hbar\omega}{2}}(\hat{a} - \hat{a}^\dagger) \\ \hat{q} &= \sqrt{\frac{\hbar}{2\omega}}(\hat{a} + \hat{a}^\dagger)\end{aligned} \tag{4.20}$$

である.また $[\hat{q},\hat{p}] = i\hbar$ から交換関係

$$[\hat{a}, \hat{a}^\dagger] = 1 \tag{4.21}$$

が成り立つ.このとき (4.16) 式のハミルトニアン $\hat{H}$ は次式のように変換される.

$$\hat{H} = \hbar\omega\left(\hat{a}^\dagger\hat{a} + \frac{1}{2}\right) = \frac{\hbar\omega}{2}(\hat{a}^\dagger\hat{a} + \hat{a}\hat{a}^\dagger) \tag{4.22}$$

ここで固有エネルギー $E_n = \hbar\omega(n+1/2)$ に対応する固有状態を $|n\rangle$ とする．交換関係 $[\hat{H}, \hat{a}] = -\hbar\omega$ から，固有状態 $a|n\rangle$ は次式で記述される．

$$\hat{H}\hat{a}|n\rangle = \hat{a}(\hat{H} - \hbar\omega)|n\rangle = \hbar\omega\left(n - 1 + \frac{1}{2}\right)\hat{a}|n\rangle$$

すなわち $\hat{a}|n\rangle$ もまたハミルトニアンの固有状態であり，E_n よりも $\hbar\omega$ だけ低いエネルギー固有値をもつ．このような関係から $\hat{a}$ は消滅演算子と呼ばれる．同様にして $\hat{a}^\dagger|n\rangle$ は E_n よりも $\hbar\omega$ だけ高いエネルギーをもち，生成演算子と呼ばれる．いまエネルギー $\hbar\omega(n+1/2)$ をもつ固有状態 (光子数状態またはフォック状態) $|n\rangle$ を考える．演算子 $\hat{a}^\dagger a$ は，

$$\hat{a}^\dagger\hat{a}|n\rangle = n|n\rangle \tag{4.23}$$

の関係を満たすことがわかる．ここで $\hat{a}^\dagger a$ は数演算子と呼ばれ，調和振動子の励起量子数，すなわち n の値を固有値とする．光に対して用いる場合は特に光子数演算子と呼ばれ，固有値として光子数を与えることに相当する．以上の関係から生成，消滅演算子が各固有状態と次の比例定数を使って関係づけられることがわかる．

$$\hat{a}|n\rangle = \sqrt{n}\,|n-1\rangle \tag{4.24}$$
$$\hat{a}^\dagger|n\rangle = \sqrt{n+1}\,|n+1\rangle \tag{4.25}$$

4.2.2 電磁場の量子化

電磁場のように空間座標の任意の点に定義され，かつその量が時々刻々変化するような量に対しては「場の量子化」の手続きが必要となる．正式には場の古典解析学と対応するような演算子の選択と正準量子化を行った後，ハミルトニアンを求めることになるが，ここではやや天下り的になることを許して基本変数を電場と磁場にとどめて調和振動子と対応させた後，電磁場の演算子を導出する．ベクトルポテンシャルとスカラーポテンシャルを用いる方法については次項で補足する．

4.2 電磁場の量子化

いま z 方向に進む真空中の平面波電磁場を考えると，電場の偏光方向を x 軸にとることによって

$$E_{k,x}(z,t) = \sum_k [E_{0k,x}(t)\exp(ik_z z) + E_{0k,x}(t)^*\exp(-ik_z z)] \quad (4.26)$$

$$B_{k,y}(z,t) = \sum_k [B_{0k,y}(t)\exp(ik_z z) + B_{0k,y}(t)^*\exp(-ik_z z)] \quad (4.27)$$

と表すことができる．ここで電磁場は波数 k_z をもつ単一モード電磁波の重ね合わせとして記述している．また時間振動成分 $\exp(-i\omega_k t)$ は $E_{0k,x}(t)$ および $B_{0k,y}(t)$ の中に含めた．体積 $V = L_x L_y L_z$ の空洞中の電磁波エネルギーを考えると

$$H_c = \sum_k \frac{1}{2}\int_V \left(\varepsilon_0 E_{k,x}{}^2 + \frac{B_{k,y}{}^2}{\mu_0}\right) dv \quad (4.28)$$

で与えられる．このとき空洞の境界条件から

$$k_z = 2\pi n/L_z, \quad n = 0,\ \pm 1,\ \pm 2,\ \cdots$$

である．(4.28) 式に (4.26) 式を代入すると

$$\begin{aligned}H_c &= \sum_k \frac{L_x L_y}{2}\int_0^{L_z}\left(\varepsilon_0 E_{k,x}{}^2 + \frac{B_{k,y}{}^2}{\mu_0}\right) dz \\ &= \sum_k \varepsilon_0 V(E_{0k,x}E_{0k,x}^* + E_{0k,x}^* E_{0k,x})\end{aligned} \quad (4.29)$$

ここで $B_{0k,y} = E_{0k,x}/c$ の関係を用い，振動成分は積分によりゼロとなることを用いた．この式と (4.22) 式を比べると，

$$E_{0k,x} \longrightarrow i\sqrt{\frac{\hbar\omega_k}{2\varepsilon_0 V}}\hat{a}_k \quad \left(E_{0k,x}^* \longrightarrow -i\sqrt{\frac{\hbar\omega_k}{2\varepsilon_0 V}}\hat{a}_k^\dagger\right)$$

の変換によって電磁波ポテンシャルは複数のモード k からなる調和振動子ハミルトニアンの足し合わせで書けることがわかる．ここで演算子はシュレディンガー表示に則り時間変化しないものとした．また係数 $\sqrt{\hbar\omega/2\varepsilon_0 V}$ は単位体積あたりの 1 光子のエネルギーの平方根となっている．

以上のことから一般化した形で電場および磁場演算子をシュレディンガー表示により記述すると,

$$\hat{E}(\bm{r}) = \sum_k i\sqrt{\frac{\hbar\omega_k}{2\varepsilon_0 V}} \left[\hat{a_k}\exp(i\bm{k}\cdot\bm{r}) - \hat{a_k}^\dagger\exp(-i\bm{k}\cdot\bm{r})\right]\bm{e}_k$$

$$\hat{B}(\bm{r}) = \sum_k i\sqrt{\frac{\hbar}{2\varepsilon_0 V\omega_k}} \left[\hat{a_k}\exp(i\bm{k}\cdot\bm{r}) - \hat{a_k}^\dagger\exp(-i\bm{k}\cdot\bm{r})\right](\bm{k}\times\bm{e}_k)$$

(4.30)

となる.このとき多モードの電磁場ハミルトニアンは

$$\hat{H}_m = \sum_k \hbar\omega_k \left(\hat{a_k}^\dagger\hat{a_k} + \frac{1}{2}\right) \tag{4.31}$$

である.ここで調和振動子と同様,電磁場においても零点振動エネルギーが存在していることに注意して欲しい.これは真空場エネルギーと呼ばれ,自然放出を与える源となる.離散的だったモード $\bm{k}$ は連続量 dk の空間積分を用いて以下のように置換できる.

$$\sum_k \longrightarrow \sqrt{\frac{L_x L_y L_z}{(2\pi)^3}}\int d^3k = \sqrt{\frac{V}{(2\pi)^3}}\int d^3k$$

その結果,一般化された多モードの電磁場ハミルトニアンは

$$\hat{H}_m = \int \hbar\omega_k \left(\hat{a_k}^\dagger\hat{a_k} + \frac{1}{2}\right)d^3k \tag{4.32}$$

と記述できる.

ところでレーザーを用いた実験など,単一モードに近い状態を扱う場合は単純化できて

$$\hat{H}_s = \hbar\omega\left(\hat{a}^\dagger\hat{a} + \frac{1}{2}\right) \tag{4.33}$$

と記述できる.これは単一モードの調和振動子を記述したハミルトニアン (4.22) 式に等しい.またこのとき電磁場は

$$\hat{E}_s(\bm{r}) = iE_{s0}(\omega)\left[\hat{a}\exp(i\bm{k}\cdot\bm{r}) - \hat{a}^\dagger\exp(-i\bm{k}\cdot\bm{r})\right]\bm{e}$$

$$\hat{B}_s(\bm{r}) = i\frac{E_{s0}(\omega)}{\omega}\left[\hat{a}\exp(i\bm{k}\cdot\bm{r}) - \hat{a}^\dagger\exp(-i\bm{k}\cdot\bm{r})\right](\bm{k}\times\bm{e}) \quad (4.34)$$

である．ここで $E_{s0}(\omega) = \sqrt{\hbar\omega/2\varepsilon_0 V}$ と置いた．

(4.24), (4.25) 式で表される生成・消滅演算子についてまとめておこう．電磁波はエネルギー $\hbar\omega$ をもつ光子の集まりと考えることができる．したがって電磁波が観測されると，$\hbar\omega$ を基本単位とするエネルギーが受け渡される．たとえば検出器を構成している原子による光の吸収は吸収された光子数に $\hbar\omega$ を乗じたエネルギーを電子が受ける．この過程を電磁場の側から見ると光子の消滅に相当し，消滅演算子を通して場のエネルギーが光子数 $\times \hbar\omega$ だけ低下したことになる．生成演算子に対しても同様であり，物質側のエネルギーが光の放出で低下し，電磁場は光子数 $\times \hbar\omega$ だけ増加する．

4.2.3 ゲージ変換による電磁場の量子化

本項では電磁気学の最も基本的な変数となるベクトルポテンシャル $\bm{A}$ とスカラーポテンシャル ϕ を用いた電磁場の量子化について補足する．本項で導出される電磁場ハミルトニアンは前項と全く同様である．

マクスウェル方程式を再度考えよう．磁場中のガウスの法則 $\nabla \cdot \bm{B} = 0$ より

$$\bm{B} = \nabla \times \bm{A} \tag{4.35}$$

となるような任意性のあるベクトルを考えることができる．このベクトル量 $\bm{A}$ はベクトルポテンシャルと呼ばれる．次に (4.35) 式を電磁誘導の法則に代入すると，

$$\nabla \times \left(\bm{E} + \frac{\partial \bm{A}}{\partial t} \right) = 0$$

となり，この関係式から

$$\bm{E} + \frac{\partial \bm{A}}{\partial t} = -\nabla \phi \tag{4.36}$$

を満たす任意のスカラー量を考えることができる．負号は静電場における静電ポテンシャル ϕ の渦なしの条件式 $\bm{E} = -\nabla \phi$ が成立するように付けられる．このスカラー量 ϕ はスカラーポテンシャルと呼ばれ，ベクトルポテンシャル $\bm{A}$ と対にしてマクスウェル方程式に取り込まれる．

ベクトルポテンシャルとスカラーポテンシャルは任意性があり，たとえばス

カラー量 u を用いて

$$\boldsymbol{A} \longrightarrow \boldsymbol{A} + \nabla u, \quad \phi \longrightarrow \phi - \frac{\partial u}{\partial t}$$

のような変換 (ゲージ変換) に対して不変 (ゲージ不変性) である．したがって u を適当に選ぶことにより，

$$\nabla \cdot \boldsymbol{A} = 0 \tag{4.37}$$

とすることができる．これはクーロンゲージと呼ばれ，真空中の電磁場を量子化する際にはこのゲージが有効である．このとき真空中の電磁場に対するガウスの法則から

$$-\nabla^2 \phi = 0 \tag{4.38}$$

となり，$\phi(=0)$ は消去できる．このとき (4.36) 式から電場は $\boldsymbol{A}$ と

$$\boldsymbol{E} = -\frac{\partial \boldsymbol{A}}{\partial t} \tag{4.39}$$

で関係づけられる．またアンペール・マクスウェルの法則から

$$-\nabla^2 \boldsymbol{A} + \frac{1}{c^2}\frac{\partial^2 \boldsymbol{A}}{\partial t^2} = 0 \tag{4.40}$$

となる．

以上のことから，次に電磁場の量子化を考える．天下り的ではあるが，場の古典解析学から正準量子化される基本変数は $\boldsymbol{A}$ と $\varepsilon_0 \dot{\boldsymbol{A}}$ で与えられる．これらは電子の量子化における位置 ($\hat{q}$) と運動量 ($\hat{p}$) に相当し，交換関係 $[\hat{\boldsymbol{A}}, \varepsilon_0 \dot{\hat{\boldsymbol{A}}}] = i\hbar$ を満たす．また体積 V の空洞中の電磁波のハミルトニアンは

$$H_c = \frac{\varepsilon_0}{2} \int_V \left[\dot{\boldsymbol{A}}^2 + c^2 (\nabla \times \boldsymbol{A})^2 \right] dv \tag{4.41}$$

で与えられる．

$\boldsymbol{A}$ の具体的な表式は波動方程式 (4.40) を満たす解で，(4.37) 式を満たす横波を考えればよい．したがって平面波を考えると

$$\boldsymbol{A}(\boldsymbol{r}, t) = \sum_{\boldsymbol{k}} \left[\boldsymbol{A}_{\boldsymbol{k}}(t) \exp(i\boldsymbol{k} \cdot \boldsymbol{r}) + \boldsymbol{A}_{\boldsymbol{k}}(t)^* \exp(-i\boldsymbol{k}\boldsymbol{r}) \right] \tag{4.42}$$

となる．これらの準備に基づいて前項と同様に調和振動子との類似性から導出される $\boldsymbol{A}$ の演算子は

$$\hat{A}(\boldsymbol{r},t) = \sum_k \sqrt{\frac{\hbar}{2\varepsilon_0 V \omega_k}} \left[\hat{a}_k \exp\{i(\boldsymbol{k}\cdot\boldsymbol{r}-\omega_k t)\} + \hat{a}_k^\dagger \exp\{-i(\boldsymbol{k}\cdot\boldsymbol{r}-\omega_k t)\} \right] \boldsymbol{e}_k \tag{4.43}$$

となる．ここでは次に電磁場演算子を求めるために時間項を含めたハイゼンベルグ表示で表した．このとき (4.35) 式および (4.39) 式から電磁場の演算子は

$$\hat{E}(\boldsymbol{r}) = \sum_k i\sqrt{\frac{\hbar\omega_k}{2\varepsilon_0 V}} \left[\hat{a}_k \exp\{i(\boldsymbol{k}\cdot\boldsymbol{r}-\omega_k t)\} - \hat{a}_k^\dagger \exp\{-i(\boldsymbol{k}\cdot\boldsymbol{r}-\omega_k t)\} \right] \boldsymbol{e}_k$$

$$\hat{B}(\boldsymbol{r}) = \sum_k i\sqrt{\frac{\hbar}{2\varepsilon_0 V \omega_k}} \left[\hat{a}_k \exp\{i(\boldsymbol{k}\cdot\boldsymbol{r}-\omega_k t)\} - \hat{a}_k^\dagger \exp\{-i(\boldsymbol{k}\cdot\boldsymbol{r}-\omega_k t)\} \right]$$
$$\cdot (\boldsymbol{k} \times \boldsymbol{e}_k) \tag{4.44}$$

となり，前項で求めたシュレディンガー表示の式 (4.30) との対応が確認できる．

コラム 1　　量子情報通信

　光通信は情報社会を支える最も重要な技術であり，従来は幹線部分に限られていた光ファイバー通信も，インターネットの普及に伴い私たちの身近なものになってきた．通常の光通信で用いられる情報伝送は，光の強度や位相，波長を変調することで実現される (たとえば光強度の ON, OFF)．したがって多数の光子が個々の情報を担うことになる．このとき第三者が光子の一部を盗聴して再びもとの伝送路に戻すことは容易なので情報セキュリティは必ずしも万全ではない (もちろん暗号処理で，ある程度の情報セキュリティは保持さている)．情報セキュリティを飛躍的に向上させる方法として考えられているのが，単一光子を利用した量子情報通信である．単一光子を利用すると，たとえば偏光の重ね合わせ状態や光子対による量子もつれ状態を生成できる．このような量子状態は観測に相当する盗聴によって壊されてしまうため，少なくとも盗聴されていることを認識できる．すなわち量子力学の基本原理が情報セキュリティを保障しているといえる．量子情報通信が従来の通信方法と決定的に違うのは個々の光子が情報を担う点であり，したがって光源には精度の高い単一光子を発生することが要求される．より具体的には，たとえば光子を 2 つ以上含まないパルス列の発生が必要とされている．単一光子もしくは光子の重ね合わせ状態を

発生させる手法はいろいろと考案されており，共振器中の量子ドットの自然放出をパルスレーザー励起により駆動する方法や非線形光学結晶を用いたパラメトリック変換などが代表的な手法として用いられている．前者で用いられる共振器は放射電磁場が単一モードに限定されるよう補償している．

4.3 光学遷移の量子論

それでは具体的に物質の電子状態間の光学遷移に量子論を適用していこう．ここではポテンシャル中の束縛電子に対する光学遷移を考える．束縛電子は (4.7) 式で与えられる定常状態のハミルトニアンの固有値方程式に対して離散的なエネルギー固有値 (エネルギー準位，電子準位) を与える．光入射によって，物質を構成する原子は電磁場と相互作用し，その電子状態は変化する．ただし電子の固有状態そのものは変化しないような状況を考える (すなわち光との相互作用は摂動と考える)．このとき光入射による電子状態の変化は，各準位の存在確率の時間発展として与えられる．たとえば図 4.4(a) に示すような初期状態 (始状態と呼ぶ) を考え，電子が $|1\rangle$ のみに安定に存在しているような状況を考える．光が入射すると状態 $|1\rangle$ の存在確率は変化し，図 4.4(b) に示すように高いエネルギーをもつ他の固有状態 $|2\rangle$, $|3\rangle$, $\cdots$ が存在確率をもちはじめる (これを励起と呼ぶ)．この割合の時間変化を求めれば光学遷移確率が求まる．

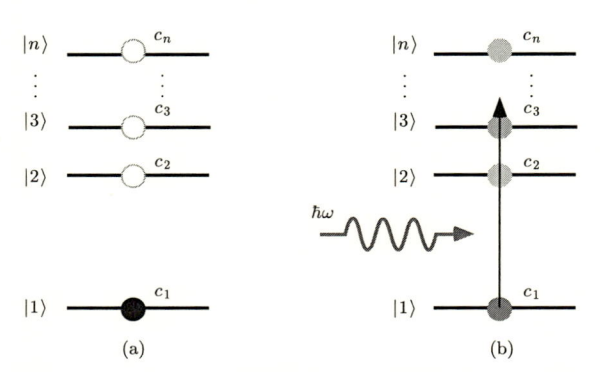

図 4.4 光入射前 (a) と入射後 (b) の電子固有状態の変化の模式図
摂動論のもとでは固有状態は変化せず，各固有状態の割合を示す確率振幅 $c_n(t)$ が時間発展する．

4.3 光学遷移の量子論

時間依存のシュレディンガー方程式 (4.12) は光との相互作用を摂動として

$$i\hbar\frac{\partial}{\partial t}\psi(\boldsymbol{r},t) = (\hat{H}_0 + \hat{H}')\psi(\boldsymbol{r},t) \tag{4.45}$$

と表すことができる．ここで定常状態のハミルトニアンを $\hat{H}_0$ と書き換えた．相互作用ハミルトニアン $\hat{H}'$ は入射電場に対する分極応答を考えればよいので，たとえば正弦的に振動する単色電磁場 (周波数 ω_0) に対しては電気双極子モーメント $\boldsymbol{p} = \sum_j e\boldsymbol{r}_j$ を用いた近似のもとで次式のようになる[*4)]．

$$\hat{H}'(\boldsymbol{r},t) = -\frac{\boldsymbol{p}\cdot\boldsymbol{E}_0}{2}\left[\exp\left(-i\omega_0 t\right) + \exp\left(i\omega_0 t\right)\right] \tag{4.46}$$

ここで $\boldsymbol{E}_0$ は空間に一様な光電場の振幅ベクトルであり，相互作用ハミルトニアンにおける光の波数ベクトル依存性に関しては無視している．通常分光で用いられる光の波長は可視 (~ 500 nm) から近赤外域 ($\sim$ 数 μm) に相当し，空間的な光電場の変化は原子の大きさ (~ 0.5 nm) の範囲ではほぼ一定と見なせる．すなわち電子波動関数は一様な電磁場を感じると考える．いま複数の離散準位をもつ電子系を考えると，非摂動項から固有エネルギー $E_n = \hbar\omega_n$ の離散準位に分布している固有状態は

$$\psi(\boldsymbol{r},t) = \sum_n C_n(t)\phi_n(\boldsymbol{r})\exp\left(\frac{-iE_n t}{\hbar}\right) \tag{4.47}$$

と表すことができる．このとき相互作用表示から確率振幅は相互作用ハミルトニアンによる時間発展の寄与のみが反映されている．状態ベクトルを用いると

$$|\psi(t)\rangle = \sum_n C_n(t)\exp\left(\frac{-iE_n t}{\hbar}\right)|\phi_n\rangle \tag{4.48}$$

である．いずれの場合も空間分布係数 $\phi_n(\boldsymbol{r})$ は正規直交関係 (4.14) 式を満たしており

$$\int \phi_n^*(\boldsymbol{r})\phi_m(\boldsymbol{r})d\boldsymbol{r} = \delta_{n,m} = \begin{cases} 1, & n = m \\ 0, & n \neq m \end{cases} \tag{4.49}$$

[*4)] 電場の空間特性や偏光特性を考慮すると，実際の相互作用ハミルトニアンは電気四重極子相互作用や磁気双極子相互作用を考慮する必要があるが，通常，電気双極子相互作用に比べて無視できる．

が成り立つ．(4.47) 式を (4.45) 式に代入して整理すると相互作用による時間成分 $C_n(t)$ の方程式として

$$\dot{C}_n(t) = -\frac{i}{\hbar} \sum_m \langle n|\hat{H}'|m\rangle \exp\left(\frac{-i\Delta E_{nm} t}{\hbar}\right) C_m(t) \quad (4.50)$$

を得る．ここで

$$\Delta E_{nm} = E_n - E_m = \hbar(\omega_n - \omega_m)$$
$$\langle n|\hat{H}'|m\rangle = \int \phi_n^* \hat{H}' \phi_m d\boldsymbol{r}$$

である．

4.3.1　弱電場近似

電子準位間の光学遷移における波動関数の時間発展は (4.50) 式で与えられる確率振幅の微分方程式を解くことによって求められる．ここでは簡単なモデルとして一方の極限的な状況，光と物質との相互作用が弱い場合の遷移を考えよう．ただしこのような近似は決して特異な状況ではなく，一般的な光源を用いた (弱励起に対応する) 分光実験の多くに当てはまる．このとき遷移確率は 1.5 節で見たようなアインシュタインの B 係数として与えられる一定の遷移レートをもつことが示される．

初期条件として系が特定の始状態 $|i\rangle$ にあったとすると $C_i(0) = 1, C_{m \neq i}(0) = 0$ である．つまり定常状態 ($t = 0$ の始状態に相当) ではエネルギー的に安定な基底状態 (今の場合は状態 $|i\rangle$ が基底状態に相当する) にのみ電子が存在し，光励起によって状態 $|n\rangle$ へと遷移するような系を考える．弱励起条件のもとで (4.50) 式における確率振幅が始状態から大きく変化していない ($C_i(t) \approx 1$ であり，$|m \neq i\rangle$ からの遷移を無視できる) ような短い時間範囲を考えるならば，

$$C_n^{(1)}(t) = -\frac{i}{\hbar} \int_0^t \langle n|\hat{H}'|i\rangle \exp\left[i(\omega_n - \omega_i)t\right] dt \quad (4.51)$$

となる．$|C_n^{(1)}(t)|^2$ は時間 t において電子が状態 $|n\rangle$ に見いだされる確率に対応し，有限の値をもつときは始状態 $|i\rangle$ からの光学遷移が起こることを意味している．(4.51) 式において $\hat{H}'$ は (4.46) 式で与えられているので，

$$C_n^{(1)}(t) = -i\frac{\boldsymbol{E}_0 \cdot \boldsymbol{\mu}_{ni}}{2\hbar} \int_0^t \left[\exp\{i(\omega_n - \omega_i - \omega_0)t\} + \exp\{i(\omega_n - \omega_i + \omega_0)t\}\right] dt$$

$$= -\frac{\boldsymbol{E}_0 \cdot \boldsymbol{\mu}_{ni}}{2\hbar} \left[\frac{\exp\{i(\omega_n - \omega_i - \omega_0)t\} - 1}{\omega_n - \omega_i - \omega_0} + \frac{\exp\{i(\omega_n - \omega_i + \omega_0)t\} - 1}{\omega_n - \omega_i + \omega_0}\right]$$

(4.52)

ここで

$$\boldsymbol{\mu}_{ni} = -\langle n|\boldsymbol{p}|i\rangle \quad (4.53)$$

は双極子モーメントの行列要素である．(4.52) 式の中括弧内分母の式から，$C_n^{(1)}(t)$ は $\omega_n = \omega_i \pm \omega_0 \longrightarrow E_n = E_i \pm \hbar\omega_0$ の条件に当てはまるとき大きな値をもつ．光子のエネルギー $\hbar\omega_0$ の符号に注意すると，(4.52) 式の第 1 項は誘導吸収，第 2 項は誘導放出に対応することがわかる．

4.3.2 共鳴における遷移確率

いま光の周波数が $\omega_0 = \omega_n - \omega_i$ で与えられる誘導吸収の共鳴近くにあるとすると，高周波成分 $\omega_n - \omega_i + \omega_0$ を分母にもつ第 2 項は無視できる (回転波近似) ので，光学遷移確率 $|C_n^{(1)}(t)|^2$ は

$$|C_n^{(1)}(t)|^2 = \frac{|\boldsymbol{E}_0 \cdot \boldsymbol{\mu}_{ni}|^2}{\hbar^2} \frac{\sin^2\{(\omega_{ni} - \omega_0)t/2\}}{(\omega_{ni} - \omega_0)^2} \quad (4.54)$$

となる．ここで $\omega_{ni} = \omega_n - \omega_i (= \Delta E_{ni}/\hbar)$ である．(4.54) 式の時間に依存する項からわかるように，光のエネルギー $\hbar\omega_0$ が準位間のエネルギー $\hbar\omega_{ni}$ に一致する共鳴下で強い遷移が起こり，共鳴周波数から離れると急速に遷移確率は減少する (図 4.5)．有効な遷移の起こるピークの範囲は $|\omega_{ni} - \omega_0| = 0 \sim 2\pi/t$ である．図より観測が十分長い時間極限では $\mathrm{sinc}(x)$ 関数からデルタ関数 $\delta(x)$ への変換

$$\mathrm{sinc}^2\frac{tx}{2} \equiv \frac{\sin^2(tx/2)}{x^2 t/2} \longrightarrow \pi\delta(x)$$

が可能であり，遷移確率は次式のように与えられる．

$$|C_n^{(1)}(t)|^2 = \frac{\pi|\boldsymbol{E}_0 \cdot \boldsymbol{\mu}_{ni}|^2}{2\hbar^2} t\delta(\omega_{ni} - \omega_0) \quad (4.55)$$

したがって t に比例する遷移確率を与えることがわかる．

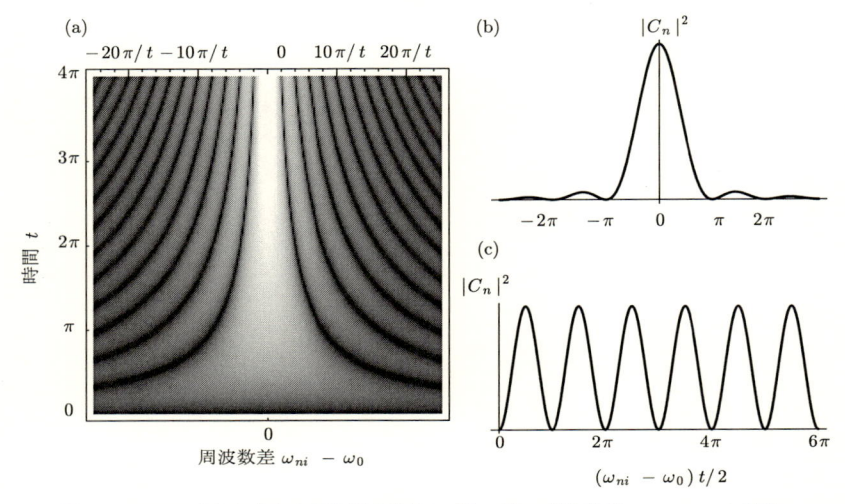

図 4.5 (4.54) 式から求まる光学遷移確率 $|C_n^{(1)}(t)|^2$ の周波数差 $\omega_{ni} - \omega_0$ と時間 t に対する依存性

(a)は $|C_n^{(1)}(t)|^2$ を対数表示した等高分布図であり，時間とエネルギーの不確定性から $t = 0$ で横軸は無限の広がりをもつ．右図は (a) の (b) 横軸および (c) 縦軸に対して切り出された $|C_n^{(1)}(t)|^2$．

(4.55) 式と同様の結果は $|\omega_{ni} - \omega_0|$ を広くとることで確認できる．周波数範囲を広くとることの意味は，時間とエネルギーの不確定性を考慮することに相当する．たとえば (4.54) 式は励起準位の自然放出過程による周波数ゆらぎを考慮しなければならない．この目的のため連続的な準位に対する全遷移確率

$$P_T \simeq \sum_{n \neq i} |C_n^{(1)}(t)|^2 \tag{4.56}$$

として $|C_n^{(1)}(t)|^2$ の式を拡張する．周波数ゆらぎによるスペクトル分布関数 $f(\omega)$ で重み付けをし，次に連続準位の遷移確率の和を積分に置き換えると

$$\begin{aligned} P_T &= \int f(\omega_{ni}) |C_n^{(1)}(t)|^2 d\omega_{ni} \\ &= \int f(\omega_{ni}) \frac{|\boldsymbol{E}_0 \cdot \boldsymbol{\mu}_{ni}|^2}{2\hbar^2} t \frac{\sin^2\{(\omega_{ni} - \omega_0)t/2\}}{(\omega_{ni} - \omega_0)^2 t/2} d\omega_{ni} \end{aligned} \tag{4.57}$$

となる．単色光の周波数 ω_0 は共鳴周波数の中心に一致するものとして，先と同様に $\mathrm{sinc}(x)$ 関数から δ 関数への変換を行う．δ 関数の公式

4.3 光学遷移の量子論

$$\int f(\omega)\delta(\omega - \omega_0)d\omega = f(\omega_0) \tag{4.58}$$

を使うと，1次摂動の遷移確率 P_T は

$$P_T = \frac{\pi}{\varepsilon_0 \hbar^2} t |\boldsymbol{e} \cdot \boldsymbol{\mu}_{ni}|^2 f(\omega_0)\rho(\omega_0) \tag{4.59}$$

となり，t に比例することが確認できる．ここで (1.38) 式で示したように光のエネルギー密度 ρ は光電場と

$$\rho(\omega_0) = \frac{1}{2}\varepsilon_0|\boldsymbol{E}_0(\omega_0)|^2 \tag{4.60}$$

で関係づけられることを用いた．また $\boldsymbol{e}$ は光の電場方向 (すなわち偏光) を表す単位ベクトルである．(4.59) 式は光学遷移に対する次の2つの重要な特徴を示している．

- 遷移確率は光強度に比例する．
- 遷移確率の大きさは双極子モーメントの行列要素で決まる．
- 単位時間あたりの遷移確率 (遷移レート) は一定である．

1つ目の特徴は (4.59) 式が光のエネルギー密度 ρ の1次式で書かれることからも明らかであり，古典論で求めた線形吸収とも対応する．2番目および3番目の項目については以下に詳しく記す．

a. 選 択 則

(4.59) 式にある双極子モーメント $\boldsymbol{\mu}_{ni}$ の行列要素は (4.53) 式で与えられるが，これを再度積分形で記しておくと，

$$\boldsymbol{\mu}_{ni} = -e \int \phi_n^*(\boldsymbol{r})\phi_i(\boldsymbol{r})\boldsymbol{r}d\boldsymbol{r} \tag{4.61}$$

となる．したがって始状態 $|i\rangle$ の波動関数，双極子モーメントと着目する終状態 $|n\rangle$ の波動関数の積が空間積分に対して有限の値をもつとき，光学遷移が生じる．$\boldsymbol{\mu}_{ni} \neq 0$ の2準位間の光学遷移は許容遷移，$\boldsymbol{\mu}_{ni} = 0$ の場合は禁制遷移と呼ばれる．原子のような反転対称性をもつ系では，その波動関数は原点に対して対称な偶関数，もしくは反対称な奇関数のいずれかをとる．このような波動関数や演算子の偶奇性は量子論ではパリティと呼ばれ，双極子モーメントの空間項 $\boldsymbol{r}$ は奇のパリティをもつので，許容遷移となるのは2つの準位が異なる

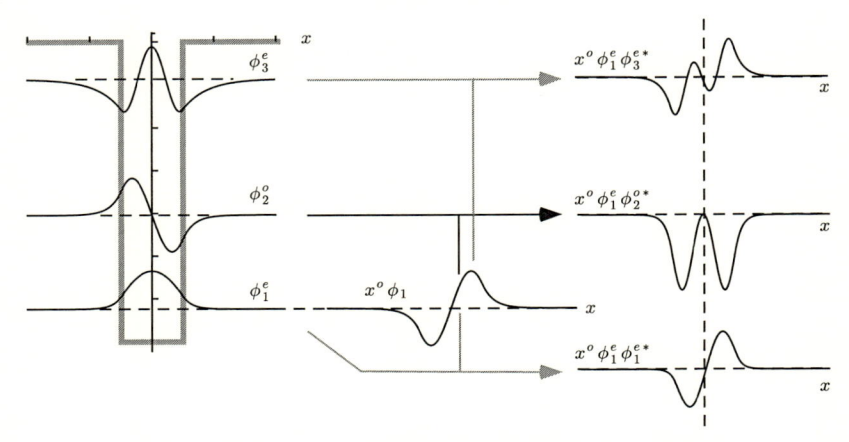

図 4.6 井戸型ポテンシャル中の電子状態間における光学遷移の選択則

パリティ状態の場合のみである*5). 簡単な例として図 4.6 に示す 1 次元ポテンシャル中の固有状態間の遷移を考えてみよう. 始状態を ϕ_1(偶 (e) のパリティ状態) にとると, ϕ_1 と双極子モーメントの積は奇のパリティ状態をもつ (図中央). これに終状態の波動関数を掛けると図右のようになり, $1(e) \to 2(o)$ のみ偶関数で空間積分は零でない値をもつ. すなわち $1(e) \to 2(o)$ は許容遷移, $1(e) \to 1(e), 1(e) \to 3(e)$ は非許容遷移であることがわかる. このように着目する遷移が許容であるか禁制であるかを決める電子状態の条件は選択則と呼ばれる. ここに到って物質の微視的状態が光学遷移の特徴として初めて現れたことになる, すなわち物質の対称性が許容禁制を含む遷移強度として光学遷移に大きく影響する.

b. 遷移レート

2 つ目の特徴である一定の遷移レートについて考えると, (4.59) 式から遷移レート w として

$$w = \frac{d}{dt}P_T = \frac{\pi}{\varepsilon_0 \hbar^2}|\boldsymbol{e}\cdot\boldsymbol{\mu}_{ni}|^2 f(\omega_0)\rho(\omega_0) \tag{4.62}$$

を得る. ここで 1.5 節で示したようにアインシュタインの B 係数が光のエネルギー密度に比例する形で定義されたことを思い出すと, (4.62) 式は誘導吸収に

---

*5) 極性分子からなる物質では系に反転対称性がないので禁制遷移とならない. このとき双極子モーメント μ_{nn} は電場に依存しない永久双極子モーメントをもつ.

おけるアインシュタインの B 係数 B_a に対応し,

$$B_{a(e)} = \frac{\pi}{3\varepsilon_0 \hbar^2} |\boldsymbol{\mu}_{ni}|^2 \qquad (4.63)$$

を与える.ここでは自由空間における原子気体の空間的な等方性を考慮して $|\boldsymbol{e}\cdot\boldsymbol{\mu}_{ni}|^2 = |\boldsymbol{\mu}_{ni}|^2/3$ としている.光放出を伴う遷移過程は (4.52) 式で第 2 項に対する共鳴条件 $-\omega_0 = \omega_n - \omega_i$ を考えることによって光吸収による遷移確率の導出と同様の導出が可能であり,わずかに $\boldsymbol{\mu}_{ni}$ を $\boldsymbol{\mu}_{in}$ に置き換えたものに等しい.したがって (4.62) 式は誘導放出 B_e にも対応している.

最後に 1 次摂動の議論に基づいて,さらに高次 (m 次) の摂動に拡張すると (逐次繰り返しで (4.50) 式で与えられる方程式を解くと),

$$\frac{d}{dt}P_T^{(m)} = \frac{\pi}{2\hbar^2}\Bigg|\langle n|H'|i\rangle + \frac{1}{\hbar}\sum_j \frac{\langle n|H'|j\rangle\langle j|H'|i\rangle}{\omega_i - \omega_j}$$

$$+ \frac{1}{\hbar^2}\sum_{j,k} \frac{\langle n|H'|k\rangle\langle k|H'|j\rangle\langle j|H'|i\rangle}{(\omega_i - \omega_j)(\omega_i - \omega_k)} + \cdots\Bigg|^2 \delta(\omega_{ni} - \omega) \quad (4.64)$$

を得る.高次過程では,初期状態と終状態の間でエネルギーが保存されているかぎり,中間状態のエネルギーは保存されなくてよい.したがって様々な遷移経路をとることが可能となる.このような遷移は光散乱に反映され,絶対値の中の第 2 項が弾性散乱,第 3 項以下が非弾性散乱に対応している.

4.3.3 強励起した場合の光学遷移

これまでの議論をもとに,共鳴に近い条件下で光と強く相互作用する時間発展を考えよう.図 4.5 からもわかるように,このような条件下では共鳴準位の遷移確率が大きくなり,そのため他の準位からの遷移確率は無視できるほど小さい.したがって事実上,図 4.7(a) に示すような閉じた 2 準位系と見なすことが可能であり,すべての次数にわたって時間発展を求めることができる.(4.50) 式を波動関数 ϕ_g(基底状態) をもつ下準位 $|g\rangle$ と波動関数 ϕ_e(励起状態) をもつ上準位 $|e\rangle$ との閉じた 2 準位系として解くと,

$$\begin{aligned}\dot{C}_g(t) &= -\frac{i}{\hbar}\left[C_g(t)\langle g|H'|g\rangle + C_e(t)\langle g|H'|e\rangle \exp(-i\omega_{ge}t)\right] \\ \dot{C}_e(t) &= -\frac{i}{\hbar}\left[C_e(t)\langle e|H'|e\rangle + C_g(t)\langle e|H'|g\rangle \exp(-i\omega_{eg}t)\right]\end{aligned} \quad (4.65)$$

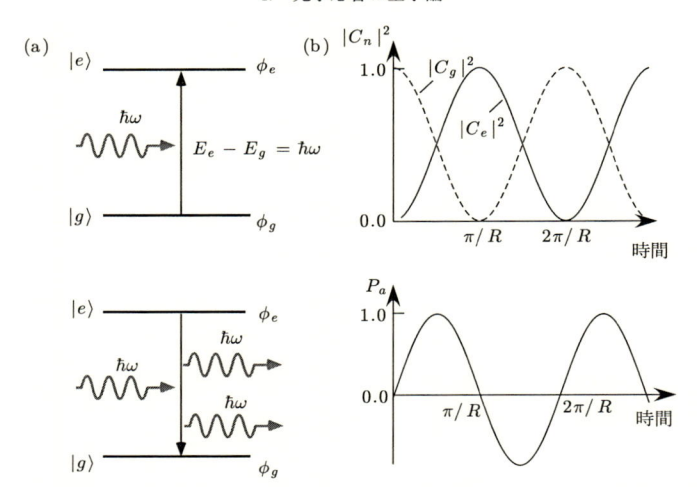

図 4.7　光と強く相互作用する 2 準位系 (a) と各準位の存在確率 $|C_n|^2$ および吸収される光パワー P_a の時間発展 (b)

となる．ここで $\omega_{eg}(>0) = \omega_e - \omega_g = -\omega_{ge}$ である．前項までと同様に同じ準位同士の双極子相互作用の項はゼロとし，双極子近似と回転波近似を使って整理すると

$$\begin{aligned}\dot{C}_g(t) &= \frac{i}{2} R_{ge} \exp(-i\Delta\omega t) C_e(t) \\ \dot{C}_e(t) &= \frac{i}{2} R_{ge}^* \exp(i\Delta\omega t) C_g(t)\end{aligned} \quad (4.66)$$

を得る．ここで $\Delta\omega = \omega_{eg} - \omega$ であり，後に詳述するラビ周波数 R_{ge} を双極子モーメント $\boldsymbol{\mu}_{ge}$，光電場ベクトル $\boldsymbol{E}_0$ を用いて

$$R_{ge} = R_{ge}^* = -\frac{e\boldsymbol{E}_0}{\hbar} \int \phi_g^* \boldsymbol{r} \phi_e d\boldsymbol{r} = \frac{\boldsymbol{\mu}_{ge} \cdot \boldsymbol{E}_0}{\hbar} \quad (4.67)$$

と表記している[*6]．(4.66) 式を解くと 2 階の微分方程式が得られ，その一般解は

[*6]　$\boldsymbol{\mu}_{ge}$: [C·m]，$\boldsymbol{E}_0$: [V m^{-1}] より [A·s·V]≡[J] のエネルギーの単位であるから R_{ge} は ω と同様の周波数の次元をもつ．

$$C_g(t) = C_1 \exp(iu_1 t) + C_2 \exp(iu_2 t)$$
$$C_e(t) = \frac{2}{R_{ge}} \exp(i\Delta\omega t) \left[C_1 u_1 \exp(iu_1 t) + C_2 u_2 \exp(iu_2 t) \right] \quad (4.68)$$
$$u_{1,2} = -\frac{\Delta\omega}{2} \pm \frac{1}{2}\sqrt{(\Delta\omega)^2 + R_{ge}^2}$$

とおける．初期状態として $C_g(0)=1$, $C_e(0)=0$ を用いると，

$$\begin{cases} C_1 + C_2 = 1 \\ C_1 u_1 + C_2 u_2 = 0 \end{cases} \longrightarrow \begin{cases} C_1 = \dfrac{-u_2}{u_1 - u_2} \\ C_2 = \dfrac{u_1}{u_1 - u_2} \end{cases}$$

ここで

$$R = \sqrt{(\Delta\omega)^2 + R_{ge}^2} \quad (4.69)$$

とおくと，$u_1 - u_2 = R$ となり，

$$C_g(t) = \exp\left(-i\frac{\Delta\omega}{2}t\right)\left(\cos\frac{R}{2}t + i\frac{\Delta\omega}{R}\sin\frac{R}{2}t\right)$$
$$C_e(t) = i\frac{R_{ge}}{R}\exp\left(i\frac{\Delta\omega}{2}t\right)\sin\frac{R}{2}t \quad (4.70)$$

と求まる．これより各準位の存在確率の時間発展は

$$|C_g(t)|^2 = 1 - \left(\frac{R_{ge}}{R}\right)^2 \sin^2\frac{Rt}{2}$$
$$|C_e(t)|^2 = \left(\frac{R_{ge}}{R}\right)^2 \sin^2\frac{Rt}{2} \quad (4.71)$$

と表され，ともに振動周波数 R をもつ振動解 (ラビ振動) となることがわかる．ここで (4.69) 式で与えられる R は一般化されたラビ周波数と呼ばれる．特に光の周波数が完全に共鳴を満たすとき

$$|C_g(t)|^2 = \cos^2\frac{R_{ge}t}{2}, \quad |C_e(t)|^2 = \sin^2\frac{R_{ge}t}{2} \quad (4.72)$$

となり，$R = R_{ge}$ である．図 4.7(b) 上図に示されるように基底状態と励起状態の存在確率 ($|C_g|^2, |C_e|^2$) は $t = (2n+1)\pi/R_{ge}$ ($n = 0, 1, \cdots$) のとき $(1,0)$，$2n\pi/R_{ge}$ のとき $(0,1)$ のようにラビ周波数 R_{ge} で時間とともに交互に振動する．また単位時間に吸収される光エネルギー P_a は励起準位の遷移レートに ΔE_{eg}

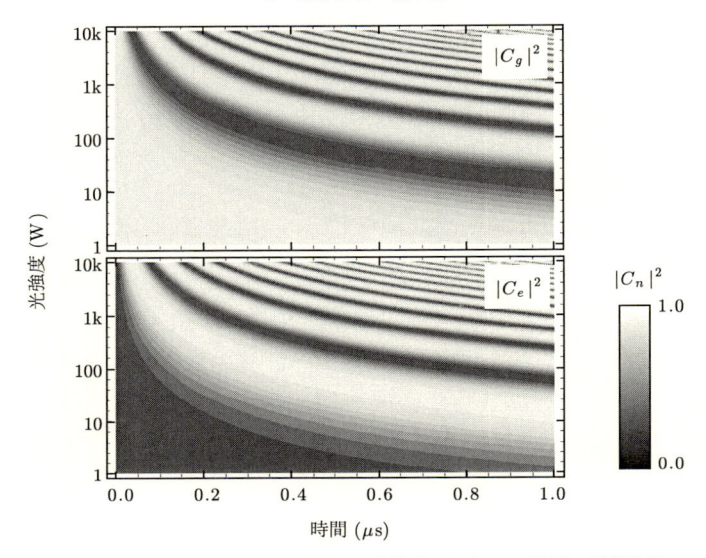

図 4.8 1 デバイの双極子モーメントをもつ 2 準位系におけるラビ振動の励起強度 $P(\text{W})$ 依存性
励起準位の存在確率 $|C_e|^2$ と基底準位の存在確率は $|C_g|^2$ は逆位相で振動し,その振動周波数は電場振幅 (強度の平方根) に比例して増加する.

を掛けたものに等しいので,$d|C_e|^2/dt \propto \sin R_{ge}t$ より各準位の存在確率の時間発展と (b) 下図のような関係にある.ここで $P_a > 0$ は光吸収,$P_a < 0$ は光放出に対応する.$t=0$ から時間を追って考えると,$t=\pi/R$ までの間は誘導吸収により,$|C_e|^2$ が増加する.$t=\pi/R \sim 2\pi/R$ は逆の過程,すなわち誘導放出により $|C_g|^2$ が増加し,$|C_e|^2$ が減少する.このように光と強く相互作用する共鳴条件下では誘導吸収と誘導放出が交互に生じることがわかる.古典的描像で考えると,2 つの振動子が結合した連結振動子に対応する.連結振動子では,片方の振動子が振動を始めると時間とともに他方の振動子に振動が移動する.時間が経つと今度は逆のエネルギー移動が生じ,エネルギー損失のない系ではこのエネルギー移動が繰り返されることになる.

つぎに振動周期を決めるラビ周波数 (R_{ge} もしくは一般化された R) について考えておこう.(4.67) 式に示されるように,R_{ge} は双極子モーメント $\boldsymbol{\mu}_{ge}$ と入射光の電場 $\boldsymbol{E}_0$ に比例するパラメータである.したがって光強度を強くすると,その平方根に比例して周波数は高くなる (図 4.8).逆に光強度が弱い場合

4.3 光学遷移の量子論

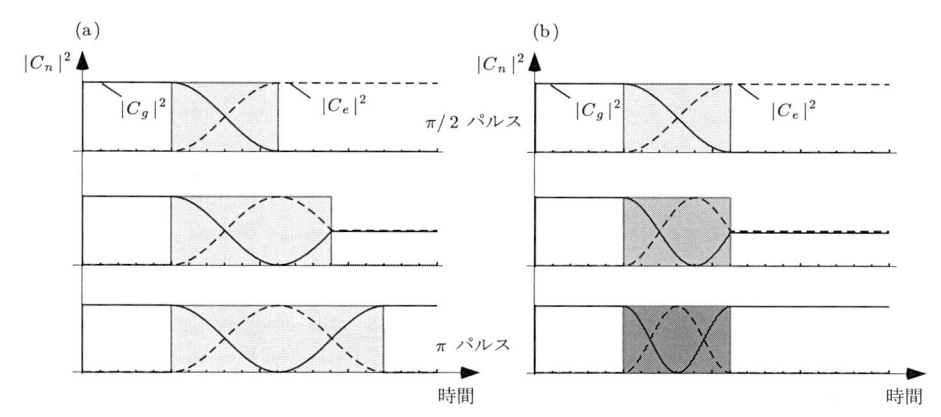

図 4.9 共鳴する矩形パルス光 (グレー表示された領域) を照射した場合の存在確率 $|C_n(t)|^2$ の時間発展
(a) パルス幅 Δt を変化した場合と (b) パルス強度を変化した場合. 強度とパルス幅を変化させることにより任意の重ね合わせ状態が形成される.

は $R_{ge} \to \infty$ となるため誘導吸収のみが観測される.このとき遷移確率は弱電場近似により求まる (4.55) 式と一致することを指摘しておく.ところで今,入射光を時間幅 Δt の矩形パルスとして 2 準位系に照射することを考える.このとき光強度もしくは Δt を制御すると,任意の状態の重ね合わせを実現できる (図 4.9).このような外場による重ね合わせ状態の制御は量子力学的な演算操作と呼ばれ,量子コンピューティングへの応用が期待されている.$R_{ge}\Delta t = \pi/2$,$R_{ge}\Delta t = \pi$ を満たす光電場は $\pi/2$, π パルスと呼ばれる.

ラビ振動を観測可能な励起強度のオーダーは,一般的には入射光強度と無関係に決定され,その下限は自然放出による励起準位の寿命から見積もられる.先述の古典的描像で考えると,自然放出による寿命は系のエネルギー損失に対応する.損失が大きいと,エネルギー移動によるラビ振動が生じる前に系はエネルギーを失ってしまう.またラビ振動は入射光と一定の位相を保つことが重要なため,エネルギー損失以外にも位相を乱す要因について考慮する必要がある (4.5 節で詳述する).ここでは後者の位相緩和については無視して,一般的な原子の自然放出の寿命 $\mu\mathrm{s}(\sim 10^{-6}\,\mathrm{s})$ のオーダーに対してラビ振動を観測するための励起強度を見積もっておく.このとき半周期のラビ振動を観測するためには

$$2\pi/R < 10^{-6} \to R > \sim 10^7 \, (\text{s}^{-1})$$

を満たす必要がある．双極子モーメント μ_{ge} は物質に依存するが，一般的に 1 デバイ ($= 3.33564 \times 10^{-30}$ C·m) のオーダーである．したがって

$$E_0 = \frac{\hbar R}{\mu_{ge}} > 330(\text{V m}^{-1}) \longrightarrow P = c\frac{\varepsilon_0}{2}|E_0|^2 > 150(\text{W m}^{-2})$$

である．図 4.8 に 1 デバイの双極子モーメントをもつ 2 準位系のラビ振動の数値計算結果を異なる光強度に対して表示しておく．

コラム 2　量子コンピュータ

　一般的なコンピュータ，つまりパソコンで用いられる情報の基本単位 (ビット) は 0 と 1 の 2 進数で表される．例えば 10 進数で表される 1000 の数を 2 進数で表現したいなら $1111101000 = 2^9 + 2^8 + 2^7 + 2^6 + 2^5 + 2^3$ となる．通常のコンピュータでは，このビットの値を個々の半導体素子の電荷の有無に対応づけることで情報を記憶したり演算したりすることを可能にしている．これに対して量子コンピュータでは 0 と 1 に対応する基本単位を量子力学的な固有状態 $|0\rangle$ と $|1\rangle$ (量子ビット) で表現する．このとき通常のビットと決定的に違うのは，量子ビットの値が $|0\rangle + |1\rangle$ のようなビットの重ね合わせで表現される点である．つまり通常のコンピュータで N 個の素子の担当する値は 2^N 個の中のたった 1 個だったのに対し，量子コンピュータの素子は 2^N 個の情報量を 1 度に扱える．乱暴な言い方を許してもらうなら，2^N 回分の演算 (たとえば足し算) をたった 1 度の演算処理で実現できることになる．このような量子コンピュータの実現には，重ね合わせ状態を形成したり制御する必要がある．$\alpha|0\rangle + \beta|1\rangle$ のような任意の重ね合わせ状態は，本項で扱った光励起による 2 準位系のラビ振動で実現できる．たとえば $\pi/2$ パルスを照射することによって $|0\rangle$ と $|1\rangle$ が等しい確率で存在する $(|0\rangle + |1\rangle)/\sqrt{2}$ の状態を生成できる (図 4.9 参照)．原子の場合は 1 つの量子ビットしか扱えないが，分子や量子ドットの結合素子を利用すれば，多数の量子ビットを扱えるようになる．しかしながら本項でも述べたように，ラビ振動で生成される重ね合わせ状態は自然放出や散乱の影響を受けるので，演算に使える時間は著しく制限される．何より外場による摂動に対してシビアなため，通常のコンピュータと同様の使い方を望むのは困難である．しかしながら半導体素子の微小化は，いずれ量子力学的な取り扱いを余儀なくさせるであろう．そのとき，量子力学的な効果を積極的に利用する量子コンピュータのような考え方が重要な役割を果たすことは間違いない．

4.3.4 量子化された電磁場との相互作用

ここまでは古典的な電磁場を用いることで，物質の電子状態に着目した解析を行った．本項では 4.2 節において導出した量子化された電磁場のハミルトニアン演算子を用いることによって，ラビ振動をより深く理解しよう．具体的な定式化を始める前に，磁場中のスピン 2 準位系で使われる次のパウリ (Pauli) のスピン行列を定義しておく．

$$\sigma_x = \begin{bmatrix} 0 & 1 \\ 1 & 0 \end{bmatrix} \quad \sigma_y = \begin{bmatrix} 0 & -i \\ i & 0 \end{bmatrix} \quad \sigma_z = \begin{bmatrix} 1 & 0 \\ 0 & -1 \end{bmatrix} \quad (4.73)$$

$$\sigma_+ = \begin{bmatrix} 0 & 1 \\ 0 & 0 \end{bmatrix} \quad \sigma_- = \begin{bmatrix} 0 & 0 \\ 1 & 0 \end{bmatrix} \quad (4.74)$$

これら 2×2 の行列記号を用いると，見通しのよい 2 準位系の定式化が可能になる．また σ_+ は上準位から下準位への遷移，σ_- は下準位から上準位への遷移を表現する演算子であり，交換関係 $[\sigma_+, \sigma_-] = \sigma_z$ を満たす．いま理想的な単一モード電磁波 (4.34) 式との相互作用を考えると，相互作用ハミルトニアン $\hat{H}'$ はスピンフリップ演算子 σ_+, σ_- を用いて

$$\begin{aligned}\hat{H}' &= iE_{s0}\left[\hat{a}\exp(ikz) - \hat{a}^\dagger \exp(-ikz)\right]\begin{bmatrix} 0 & \mu_{ge} \\ \mu_{ge}^* & 0 \end{bmatrix} \\ &= iE_{s0}\left[\hat{a}\exp(ikz) - \hat{a}^\dagger \exp(-ikz)\right](\mu_{ge}\sigma_+ + \mu_{ge}^*\sigma_-) \end{aligned} \quad (4.75)$$

と記述できる．回転波近似を用いると $\hat{a}\sigma_-$ および $\hat{a}^\dagger \sigma_+$ の項は無視できるので[*7]，

$$\hat{H}' = \hbar(\hat{a}g_s\sigma_+ + \hat{a}^\dagger g_s^*\sigma_-) \quad (4.76)$$

となる．ここで g_s は

$$g_s = i\frac{\boldsymbol{\mu}_{ge}\cdot\boldsymbol{E}_{s0}}{\hbar}\exp(ikz) \quad (4.77)$$

である．他方，非摂動項 $\hat{H}_0$ のハミルトニアンは固有エネルギーが零点エネルギーに対して対称となるように変形して，

[*7] $\hat{a}\sigma_-$ は 1 光子吸収しながら下準位へ緩和する項，$\hat{a}^\dagger \sigma_+$ は 1 光子放出しながら上準位に励起される項に対応し，いずれも確率的に低い．

$$\hat{H}_0 = \frac{1}{2}\hbar\omega_{ge}\sigma_z + \hbar\omega_0 a^\dagger \hat{a} \tag{4.78}$$

と記述できる．ここで第1項は物質の2準位系ハミルトニアン，第2項が単一モード電磁場ハミルトニアンに相当する．$\hat{H}_0$ と $\hat{H}'$ の間には交換関係 $[\hat{H}_0, \hat{H}'] = 0$ が成立するので，全ハミルトニアン $\hat{H}$ の基底は $\hat{H}_0$ の固有状態の線形結合で表せる．

a. 量子化された電磁場におけるラビ振動

単一モード電磁場と強く結合した2準位系はジェインズ・カミングス (Jaynes–Cummings) モデルと呼ばれる．相互作用はエネルギーの近い準位間で強く生じるので，量子化された電磁場の固有状態を含めた基底として $\{|e\,n\rangle, |g\,n+1\rangle\}$ に着目する (図 4.10(a))．仮に相互作用がないとき $|e\,n\rangle$ は n 個の光子エネルギーと励起準位 $|e\rangle$ のエネルギー和で与えられる固有状態であり，他方 $|g\,n+1\rangle$ は $n+1$ 個の光子エネルギーと基底準位 $|g\rangle$ のエネルギー和で与えられる固有状態である．共鳴条件下で2つのエネルギーは完全に一致する．いま離調周波数 $\Delta\omega = \omega_{ge} - \omega_0$ とすると，状態 $\{|e\,n\rangle, |g\,n+1\rangle\}$ に対するハミルトニアン $\hat{H}_n$ として，

$$\hat{H}_n = \hbar\left(n + \frac{1}{2}\right)\omega_0 \begin{bmatrix} 1 & 0 \\ 0 & 1 \end{bmatrix} + \frac{\hbar}{2}\begin{bmatrix} \Delta\omega & 2g_s\sqrt{n+1} \\ 2g_s\sqrt{n+1} & -\Delta\omega \end{bmatrix} \tag{4.79}$$

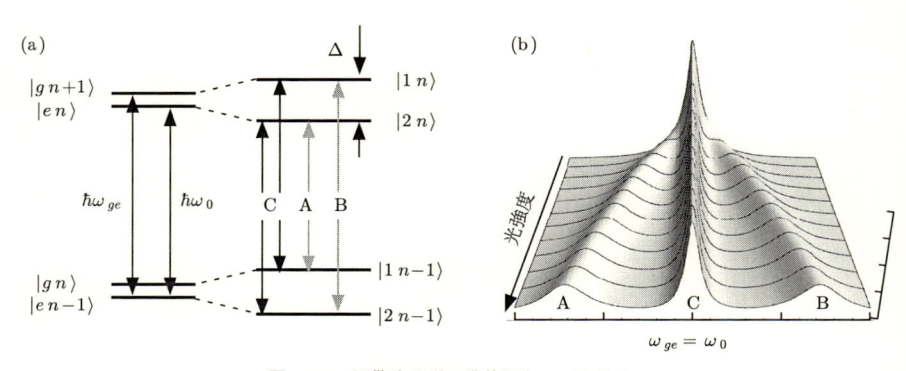

図 4.10 側帯波分裂の準位図とスペクトル
(a) 量子化された光子状態と2準位系原子の未結合時 (左) および結合時 (右) のエネルギー準位相関図．それぞれ裸の状態 (左) とドレスト状態 (右) に対応する．(b) ドレスト状態の遷移スペクトルの光強度依存性．ラビ振動に対応する側帯波が $\pm\Delta/\hbar$ の位置に観測され，その間隔は電場に比例して大きくなる．

を得る.ここで (4.24), (4.25) 式で表される生成・消滅演算子の性質を用いた. (4.79) 式の第 2 項は (4.66) 式のラビ周波数 R_{ge} を $-2g_s\sqrt{n+1}$ で置き換えたものと考えることができる.したがって量子化された電磁場におけるラビ周波数 R_n を

$$R_n = \sqrt{(\Delta\omega)^2 + 4g_s{}^2(n+1)} \tag{4.80}$$

とおくことによって同様の定式化を実現できる.非対角項をもつ (4.79) 式に着目し,$\{|e\,n\rangle, |g\,n+1\rangle\}$ の基底に対するシュレディンガー方程式を行列形式 $d\boldsymbol{C}/dt = i/2\boldsymbol{MC}$ で表すと,

$$\frac{d}{dt}\begin{bmatrix} C_{en}(t) \\ C_{gn+1}(t) \end{bmatrix} = \frac{i}{2}\begin{bmatrix} -\Delta\omega & -2g_s\sqrt{n+1} \\ -2g_s^*\sqrt{n+1} & \Delta\omega \end{bmatrix}\begin{bmatrix} C_{en}(t) \\ C_{gn+1}(t) \end{bmatrix} \tag{4.81}$$

となる.エネルギー固有値を求めるために 2 状態基底を変換することによって行列の対角化を実現しよう[*8].$\det(\boldsymbol{M} - \lambda\boldsymbol{I}) = 0$ から固有値 $\lambda = \pm R_n$ と固有ベクトル $\begin{bmatrix} C_{2n} \\ C_{1n} \end{bmatrix}$ が求まり,もとの基底と以下のように関連づけられる.

$$\begin{bmatrix} C_{2n} \\ C_{1n} \end{bmatrix} = \begin{bmatrix} \cos\theta_n & -\sin\theta_n \\ \sin\theta_n & \cos\theta_n \end{bmatrix}\begin{bmatrix} C_{en} \\ C_{gn+1} \end{bmatrix} \tag{4.82}$$

ここで

$$\cos\theta_n = \frac{R_n - \Delta\omega}{\sqrt{(R_n - \Delta\omega)^2 + 4g_s{}^2(n+1)}}$$

$$\sin\theta_n = \frac{2g_s\sqrt{n+1}}{\sqrt{(R_n - \Delta\omega)^2 + 4g_s{}^2(n+1)}}$$

である.このとき (4.79) 式は

$$\frac{d}{dt}\begin{bmatrix} C_{2n} \\ C_{1n} \end{bmatrix} = \frac{i}{2}\begin{bmatrix} R_n & 0 \\ 0 & -R_n \end{bmatrix}\begin{bmatrix} C_{2n} \\ C_{1n} \end{bmatrix} \tag{4.83}$$

と対角化される.$\{|e\,n\rangle, |g\,n+1\rangle\}$ から変換された基底 $\{|2\,n\rangle, |1\,n\rangle\}$ は電子が光をまとった状態,ドレスト状態と呼ばれ,光と原子が結合することによっ

[*8) 行列形式を用いた定式化とその対角化は電磁場の量子化と無関係に実現できる.

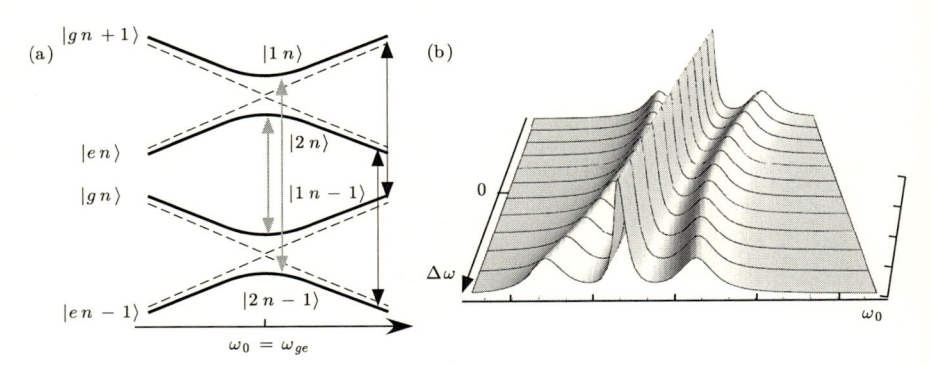

図 4.11 励起周波数と側帯波の関係

(a) 励起光周波数 ω_0 に対するドレスト原子のエネルギー準位．両端は裸の状態，中央はドレスト状態に対応する．(b) ω_0 を共鳴から $\Delta\omega$ 離調したときに見られるスペクトル反交差．ω_0 を固定してプロットされていることに注意．

て形成される結合状態と反結合状態に対応している．(4.79) 式を用いてまとめると，エネルギー固有値は

$$E_{2n} = \hbar\left(n + \frac{1}{2}\right)\omega - \frac{\hbar}{2}R_n$$
$$E_{1n} = \hbar\left(n + \frac{1}{2}\right)\omega + \frac{\hbar}{2}R_n \tag{4.84}$$

であり，特に共鳴条件下では

$$E_{2n} = \hbar\left(n + \frac{1}{2}\right)\omega - \hbar g_s\sqrt{n+1}$$
$$E_{1n} = \hbar\left(n + \frac{1}{2}\right)\omega + \hbar g_s\sqrt{n+1} \tag{4.85}$$

より，$\Delta = |2\hbar g_s\sqrt{n+1}|$ のエネルギー分裂が生じることがわかる．

ここでは $\{|e\,n\rangle, |g\,n+1\rangle\}$ のドレスト状態である光子数 n の準位 $\{|2\,n\rangle, |1\,n\rangle\}$ にのみ着目したが，同様の結合 (反結合) は異なる n に対しても生じることに注意してほしい．その結果，着目している電磁場の光子数分布に応じて梯子状のドレスト準位が形成される (図 4.10(a), 4.11(a))．図において $|1\,n-1\rangle \leftrightarrow |1\,n\rangle$，$|2\,n-1\rangle \leftrightarrow |2\,n\rangle$ の遷移は共に光子エネルギー $\omega_0 (= \omega_{ge})$ に等しく，$|2\,n-1\rangle \leftrightarrow |1\,n\rangle$ と $|1\,n-1\rangle \leftrightarrow |2\,n\rangle$ の遷移はそれぞれ $\pm\Delta$ だけ異なる．その結果これら準位間の光学遷移は，たとえば連続光励起による蛍光スペク

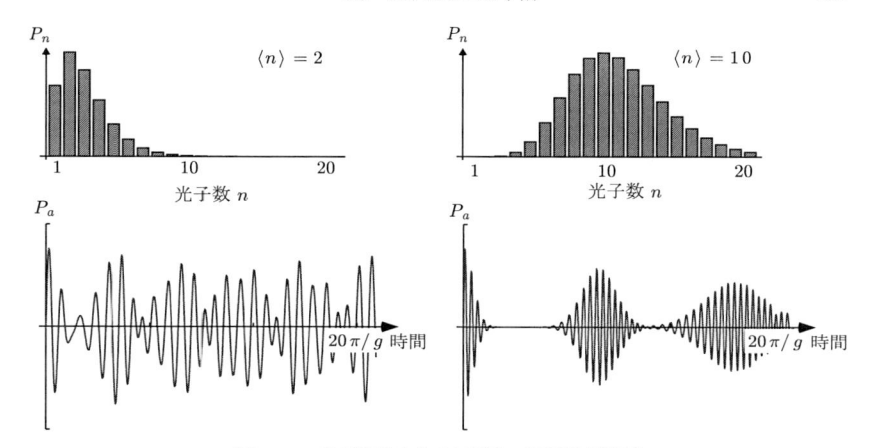

図 4.12 光子数分布とラビ振動の時間発展関係
$\langle n \rangle = 2$ (左) と $\langle n \rangle = 10$ (右) において，それぞれ異なるラビ振動の準周期的なビートが確認できる．

トルにモーレーの三重線と呼ばれる側帯波共鳴を形成する (図 4.10(b), 4.11(b))．図 4.10(b) において励起光強度 (すなわち光と 2 準位電子の結合の大きさ) を変化させると，それに応じて側帯波共鳴の分裂幅は広がる．この変化は図 4.11(b) において共鳴スペクトルの反交差として現れる．

$\{|e\,n\rangle, |g\,n+1\rangle\}$ の状態ベクトルは $\{|2\,n\rangle, |1\,n\rangle\} \longrightarrow \{|e\,n\rangle, |g\,n+1\rangle\}$ の逆変換を行うことによって次式のように求まる．

$$\begin{bmatrix} C_{en}(t) \\ C_{gn+1}(t) \end{bmatrix} = \begin{bmatrix} \cos g_s\sqrt{n+1}\,t & -i\sin g_s\sqrt{n+1}\,t \\ -i\sin g_s\sqrt{n+1}\,t & \cos g_s\sqrt{n+1}\,t \end{bmatrix} \begin{bmatrix} C_{en}(0) \\ C_{gn+1}(0) \end{bmatrix} \quad (4.86)$$

したがって (4.72) 式に対応する共鳴ラビ振動は $C_{en}(0) = 0$, $C_{gn+1}(0) = 1$ とすることによって

$$|C_{gn+1}(t)|^2 = \cos^2 g_s\sqrt{n+1}\,t, \quad |C_{en}(t)|^2 = \sin^2 g_s\sqrt{n+1}\,t \quad (4.87)$$

となる．スペクトル領域に現れる側帯波共鳴は，時間領域のラビ振動による変調のフーリエ変換として理解することができる．

(4.69) 式と (4.80) 式，および (4.72) 式と (4.87) 式の比較から明らかなように，電磁場の量子化は光子数 n に対する依存性で特徴づけられる．この対応は (4.34) 式で導入した E_{s0} が単一光子あたりの電場に相当することからも理解で

きる．ラビ周波数の光子数 n 依存性により，その時間発展は半古典論で得られた一定振動とは大きく異なる．たとえば (4.87) 式において異なるフォック状態 $|n\rangle$ に対して異なるラビ振動周期を与えることが挙げられる．任意の光子数分布をもつ理想的な単一モード電磁場との相互作用を考えると，異なる振動周期をもつラビ振動が重なり合うことになる．その結果，ラビ振動の時間発展は光子数分布の逆フーリエ変換に対応するような"うなり"をもたらす．たとえば 1.4 節で取り上げたポアソン分布 $|n\rangle$ をもつレーザー場との相互作用を考えると，ラビ振動の崩壊と回復を繰り返す時間発展が得られる (図 4.12)．

b. 自 然 放 出

(4.87) 式は初期状態として $|g\,n+1\rangle$，すなわち { 電子が基底準位，電磁場に $n+1$ 光子 } を仮定したときのラビ振動に対応する．このとき電場の強度が十分強ければ $\sqrt{n+1} \approx \sqrt{n}$ であり，半古典論と同様の電場に比例するラビ周波数を与える．したがって 2 準位系は誘導吸収と誘導放出を繰り返しながら基底準位と励起準位の間を振動する．ここで量子化された電磁場によるラビ振動は光子数で記述されることに着目すると，"電磁場に光子数ゼロの状態" を初期状態として選択できることがわかる．このため (4.86) 式において $|e\,n\rangle$ を初期状態 ($C_{en}(0)=1,\ C_{gn+1}(0)=0$) とし $n\to 0$ とすると，

$$|C_{g1}(t)|^2 = \sin^2 g_s t, \quad |C_{e0}(t)|^2 = \cos^2 g_s t \tag{4.88}$$

となる．初期状態として電子は励起状態に存在することに注意すると，このとき生じるラビ振動のトリガーは自然放出によることが理解できる．4.2.2 項で述べたように光子数ゼロの電磁場は真空場と呼ばれ，自然放出は真空場ゆらぎによる誘導放出に対応する．

ここまでの議論は単一モード電磁場との相互作用について考えてきた．たとえばレーザー場は理想的な単一モードと見なすことが可能であるが，自然放出をもたらす真空場は多モードとしての扱いが必要である．以下の展開はワイズコッフ・ウィグナー (Weisscoph–Wigner) の理論と呼ばれ，ラビ振動を連続モードをもつ真空場との相互作用に拡張したものである．その結果ジェインズ・カミングスモデルの準周期的なうなりをもつラビ振動を，回復の伴わない指数関数減衰へと変化させる．

4.3 光学遷移の量子論

多モードの電場演算子 (4.31) 式を用いると相互作用ハミルトニアン (4.76) 式は

$$\hat{H}' = \hbar \sum_k (\hat{a}_k g_k \sigma_+ + \hat{a}_k^\dagger g_k^* \sigma_-) \tag{4.89}$$

と記述できる．いま初期状態としてすべての電磁場モードが真空状態にあるならば，結合可能な状態の組として $\{|e\,\{0\}\rangle, |g\,1_k\rangle\}$ を考えればよい．ここで $|g\,1_k\rangle$ はモード k の電磁場モードのみ 1 光子存在し，他のモードはゼロ光子であることを意味する．このとき状態ベクトルは

$$|\psi(t)\rangle = C_{e0} \exp(-i\omega_g t) |e\,\{0\}\rangle + \sum_k C_{g1k}(t) \exp[-i(\omega_e + \omega_k)t] |g\,1_k\rangle \tag{4.90}$$

と書ける．シュレディンガー方程式 (4.45) から (4.81) 式に対応する時間発展の方程式は

$$\dot{C}_{e0}(t) = -i\sum_k g_k \exp(-i\Delta\omega_k t) C_{g1k}(t)$$
$$\dot{C}_{g1k}(t) = -i g_k^* \exp(i\Delta\omega_k t) C_{e0}(t) \tag{4.91}$$

となる．ここで $\Delta\omega_k = \omega_k - \omega_{ge}$ である．励起状態からの自然放出に着目しているので，$C_{e0}(t)$ の方程式としてまとめると

$$\dot{C}_{e0}(t) = -\sum_k |g_k|^2 \int_0^t \exp[-i\Delta\omega_k(t-t')] C_{e0}(t') dt' \tag{4.92}$$

となる．自由空間における電磁場モードを連続と見なすと連続量 dk の積分を用いて以下のように置換できる．

$$\sum_k \longrightarrow \frac{2V}{(2\pi)^3} \iiint k^2 \sin\theta\, dk\, d\theta\, d\phi$$

ここで k 空間を電場の波数ベクトル $\boldsymbol{k}$ とそれと直交する偏光成分による極座標表示とし，2 つの偏光モードを考慮している．つぎに時間積分項の $C_{e0}(t')$ は振動項に対してゆっくり変化するものと考え積分の外に出し，(4.55) 式の導出と同様に十分長い相互作用時間を考えると，

$$\int_0^t \exp\left[-i\Delta\omega_k(t-t')\right]C_{e0}(t')dt' \longrightarrow C_{e0}(t)\left[\pi\delta(\omega-\omega_{ge})+i\mathcal{P}\left(\frac{1}{\omega-\omega_{ge}}\right)\right]$$

となる．ここで $\mathcal{P}$ はコーシーの主値積分である．k を ω に置き換えて整理すると，

$$\begin{aligned}\dot{C}_{e0}(t) &= -\frac{2|\mu_{ge}|^2}{3(2\pi)^2\hbar\varepsilon_0 c^3}C_{e0}(t)\int_0^\infty \omega^3\left[\pi\delta(\omega-\omega_{ge})+i\mathcal{P}\left(\frac{1}{\omega-\omega_{ge}}\right)\right]d\omega \\ &= -\frac{|\mu_{ge}|^2}{6\pi^2\hbar\varepsilon_0 c^3}\left[\pi\omega_{ge}^3 - i\mathcal{P}\left(\int_0^\infty \frac{\omega_{ge}^3}{\omega-\omega_{ge}}d\omega_{ge}\right)\right]C_{e0}(t) \\ &= -(\gamma-i\delta)C_{e0}(t) \end{aligned} \quad (4.93)$$

が得られる．これは確率振幅として

$$C_{e0}(t) = \exp\left[-(\gamma-i\delta)t\right]C_{e0}(0) \quad (4.94)$$

を与えるので，励起状態の存在確率は時定数 2γ で指数関数的に減衰することがわかる．

4.4　結晶中電子の光学遷移

4.4.1　結晶中の電子状態

前節までは原子様の座標原点周りに束縛された電子に対する光学遷移について考えた．本節では電子の置かれる環境を多原子からなる結晶へと拡張していく．結晶のハミルトニアンは次式で与えられる．

$$\begin{aligned}H_c = \sum_i \frac{p_i^2}{2m_i} &+ \frac{1}{4\pi\varepsilon_0}\sum_{i,i'}\frac{e^2}{|\boldsymbol{r}_i-\boldsymbol{r}_{i'}|} + \sum_j \frac{P_j^2}{2M_j} \\ &+ \frac{1}{4\pi\varepsilon_0}\sum_{j,j'}\frac{Z_jZ_{j'}e^2}{|\boldsymbol{R}_j-\boldsymbol{R}_{j'}|} - \frac{1}{4\pi\varepsilon_0}\sum_{i,j}\frac{Z_je^2}{|\boldsymbol{r}_i-\boldsymbol{R}_j|}\end{aligned} \quad (4.95)$$

ここで小文字の指標は電子，大文字の指標は原子核のパラメータであり，Z は原子番号を示している．このような多粒子系のハミルトニアンを解析的に解くことは困難であり，結晶の特徴を生かしたままで単純化することが必要となる．最初の近似として，原子核周りに局在する内殻電子を比較的自由な価電子と区別

する．このとき原子核は内殻電子を含めたイオン核として取り扱うことになる．つぎにこのイオン核の運動を電子の運動と独立して扱う．これは質量比 ($> 10^3$) を考えれば妥当であろう．したがって電子にとってイオン核は常に静止した点と見なすことができる．逆にイオン核から見ると電子から受ける相互作用は常に時間平均された断熱ポテンシャルである．この第2の近似はボルン・オッペンハイマー (Born–Oppenheimer) 近似または断熱近似と呼ばれる．第3の近似は電子系に対して行い，結晶中のすべての価電子は平均的ポテンシャルを用いて表すことができると仮定する．この平均場近似もしくは1電子近似により，シュレディンガー方程式を解くことが可能となる．電子系ハミルトニアンはしたがって以下のように単純化されたことになる．

$$H_{c1e} = \frac{p^2}{2m_0} + \frac{1}{4\pi\varepsilon_0}\sum_{i'}\frac{e^2}{|\boldsymbol{r}-\boldsymbol{r}_{i'}|} - \frac{1}{4\pi\varepsilon_0}\sum_{j}\frac{Z_j e^2}{|\boldsymbol{r}-\boldsymbol{R}_j|}$$
$$= \frac{p^2}{2m_0} + V(\boldsymbol{r}) \tag{4.96}$$

ここで電子およびイオン核からのクーロンポテンシャルは平均場ポテンシャル $V(\boldsymbol{r})$ として一律に決定され，次式で表される周期性を有する．

$$V(\boldsymbol{r}) = V(\boldsymbol{r}+\boldsymbol{R}) \tag{4.97}$$

ここで $\boldsymbol{R} = n_1\boldsymbol{a}_1 + n_2\boldsymbol{a}_2 + n_3\boldsymbol{a}_3$ (n_i は整数) はイオン核の静止点 $\boldsymbol{R}_j$ の配列から最も高い対称性をもつように決定された結晶の単位格子ベクトル ($\boldsymbol{a}, \boldsymbol{b}, \boldsymbol{c}$) を用いて表された実格子ベクトルである．ついでに逆格子ベクトル $\boldsymbol{G} = m_1\boldsymbol{a}_1^* + m_2\boldsymbol{a}_2^* + m_3\boldsymbol{a}_3^*$ を定義しておくと

$$\boldsymbol{a}_i^* = 2\pi\frac{\boldsymbol{a}_j \times \boldsymbol{a}_k}{\boldsymbol{a}_1 \cdot (\boldsymbol{a}_2 \times \boldsymbol{a}_3)} \tag{4.98}$$

となる．ここで $\{i, j, k\}$ は $\{1, 2, 3\}$ の循環置換で表される．また分母は実格子単位胞の体積に相当するが，逆格子の単位胞と $(2\pi)^3/((4.98)$ 式分母$)$ の関係にある．$\boldsymbol{a}_i$ と $\boldsymbol{a}_j^*$ とは $\boldsymbol{a}_i \cdot \boldsymbol{a}_j^* = 2\pi\delta_{ij}$ の関係があるので，任意の実格子ベクトル $\boldsymbol{R}$ との間で

$$\boldsymbol{R} \cdot \boldsymbol{G} = (n_1\boldsymbol{a}_1 + n_2\boldsymbol{a}_2 + n_3\boldsymbol{a}_3) \cdot (m_1\boldsymbol{a}_1^* + m_2\boldsymbol{a}_2^* + m_3\boldsymbol{a}_3^*)$$
$$= 2\pi(n_1m_1 + n_2m_2 + n_3m_3)(= 2\pi \times 整数) \tag{4.99}$$

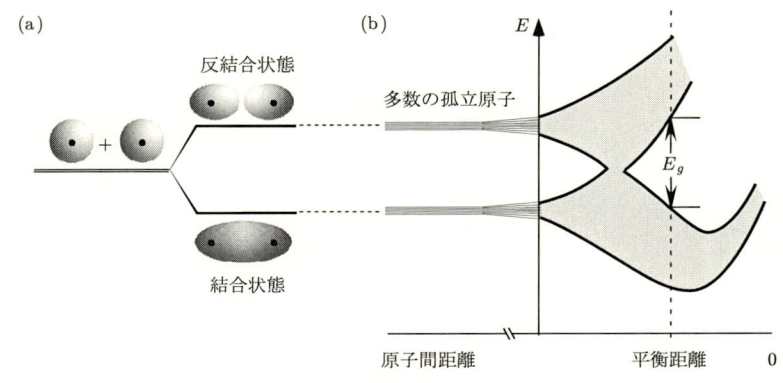

図 4.13 バンド形成の模式図 (図 2.18 もあわせて参照)
(a) 2 原子 1 電子系における結合，反結合状態の模式図．点で固定されたイオン核 (●) に対する価電子波動関数の広がりを表している．(b) 原子集団の原子間距離に対するバンド分裂およびバンドギャップ形成の模式図 (E_g はバンドギャップに対応).

が成り立つ．逆格子ベクトルの定義からも明らかなように (4.97) 式の周期ポテンシャルは

$$V(\bm{r}) = \sum_{\bm{G}} V_G \exp(i\bm{G} \cdot \bm{r}) \tag{4.100}$$

のようにフーリエ級数展開できる．

　結晶中の電子状態は以上の単純化によって求まる 1 電子状態をもとに結晶の対称性を取り入れた電子バンド図を描くことによって求まる．ここで 2.4 節で述べたバンドについてミクロな視点を取り入れながら振り返っておこう．孤立した原子中の電子は離散準位をもつが，これは原子核および内殻電子の作るイオン核が電子を強く束縛する中心力として働くためであった．これにより，価電子の波動関数はイオン核周りの座標系で記述される．いくつかの原子が集まって結晶を作ると，各原子における電子波動関数は相互に重なりをもつため，1つの電子状態がいくつかの原子にまたがって広がる．波動関数が重なりをもつと，その結合の強さに応じて図 4.13(a) に示すように結合準位と反結合準位に分裂し[*9)]，孤立原子の離散的なエネルギー準位は準連続的な幅をもったエネルギー帯 (バンド) へと変化する (図 4.13(b))．このとき準位を占める電子の数が

[*9)] このような波動関数の重なりによる結合・反結合状態分裂は光と電子の相互作用によるラビ分裂と等価である．

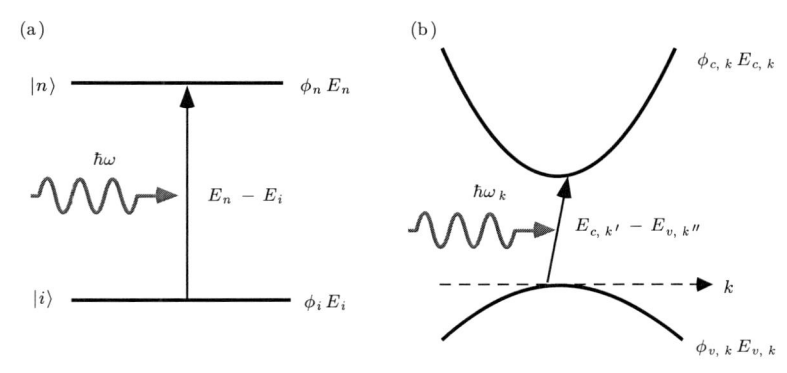

図 4.14 孤立原子の束縛電子系 (2 準位系) に対する光学遷移 (a) と結晶の電子バンド間における光学遷移 (b)

結合状態のみを満たすのであれば,全体のエネルギーが下がり,結合状態は安定になる.このような結合は共有結合と呼ばれる.このとき原子のイオン核同士によるクーロン反発が生じるが,結合状態ではイオン核の間にも電子が存在確率をもつので核間相互作用は遮蔽される.このようにして得られたバンドは結合状態と反結合状態の集団が存在しているため,原子同士をさらに近接させると集団同士の相互作用によるバンド分裂が生じ,分裂したバンドの間にバンドギャップ (E_g) が出現する (図 4.13(b)).一般的に光入射による光学遷移を考える場合は,このギャップをまたぐバンド間遷移を考える.すでに述べたように,価電子により形成されるバンドは価電子バンド,ギャップをまたいだ励起電子により形成されるバンドは伝導バンドである.

ところで電子波動関数の重なりの大きさや広がり方は結晶を構成する原子に依存する.上記の共有結合の場合は比較的局在性の強い価電子でバンドは構成されていた.波動関数の広がりが隣接原子間距離に比べて十分大きいとき,電子は非局在化することにより (すなわち複数の原子に広がることにより),そのエネルギー利得を増やす.このとき原子結合は金属結合となり,価電子は金属中の自由電子として振る舞う.自由電子の波動関数は (4.96) 式において $V(\bm{r})$ の $\bm{r}$ 依存性がなくなったときのハミルトニアンの固有値方程式から

$$\phi_k(\bm{r}) = \exp(i\bm{k}\cdot\bm{r}) \quad (4.101)$$

のような周期的境界条件を満たす $\bm{k}$ を用いた平面波解で表される.このときエ

ネルギー固有値は次式のように与えられ，波数 k と分散関係で結ばれる．

$$E(\boldsymbol{k}) = \frac{\hbar^2 k^2}{2m} \tag{4.102}$$

4.4.2　ブロッホの定理

並進対称性は結晶 (完全結晶) の普遍的かつ特徴的な対称性である．並進対称性を満たす条件として周期的境界条件が導入される．もう少し基本的な群論の定義に基づくと，周期的境界条件は巡回群に相当する．このとき結晶における任意の系 (電子系，格子系など) の波動関数は次のブロッホの定理を満たすことが要求される．

$$\phi_k(\boldsymbol{r} + \boldsymbol{R}) = \exp\left(i\boldsymbol{k}\cdot\boldsymbol{R}\right)\phi_k(\boldsymbol{r}) \tag{4.103}$$

ブロッホの定理を満たす波動関数の一般形は，

$$\phi_k(\boldsymbol{r}) = u_k(\boldsymbol{r})\exp\left(i\boldsymbol{k}\cdot\boldsymbol{r}\right), \quad u_k(\boldsymbol{r}+\boldsymbol{R}) = u_k(\boldsymbol{r}) \tag{4.104}$$

で与えられ，$\phi_k(\boldsymbol{r})$ はブロッホ関数と呼ばれる．電子波動関数として考えると $\phi_k(\boldsymbol{r})$ の位相因子は自由電子の波動関数と考えることができる．したがってブロッホ関数で与えられる結晶中の電子波動関数は自由電子の波動関数に (4.100) 式の周期ポテンシャルによる変調成分が加わった関数と理解できる．この関係性に基づくと，周期ポテンシャルと同様 $u_k(\boldsymbol{r})$ も逆格子ベクトル $\boldsymbol{G}$ を用いてフーリエ級数展開可能であり，

$$\phi_k(\boldsymbol{r}) = \exp\left(i\boldsymbol{k}\cdot\boldsymbol{r}\right)\sum_{\boldsymbol{G}} C_G \exp\left(i\boldsymbol{G}\cdot\boldsymbol{r}\right) \quad \left(u_k(\boldsymbol{r}) = \sum_{\boldsymbol{G}} C_G \exp\left(i\boldsymbol{G}\cdot\boldsymbol{r}\right)\right) \tag{4.105}$$

とおける．ここで (4.99) 式で与えられる $\boldsymbol{G}$ と $\boldsymbol{R}$ の関係を用いると $u_k(\boldsymbol{r}+\boldsymbol{R}) = u_k(\boldsymbol{r})$ が容易に示される．ところで (4.105) 式は

$$\phi_k(\boldsymbol{r}) = C_0 \exp\left(i\boldsymbol{k}\cdot\boldsymbol{r}\right) + \exp\left(i\boldsymbol{k}\cdot\boldsymbol{r}\right)\sum_{\boldsymbol{G}\neq 0} C_G \exp\left(i\boldsymbol{G}\cdot\boldsymbol{r}\right)$$

のように変形できる．ブロッホ関数はしたがって，自由電子波動関数にポテンシャルの周期性が加わることによってブラッグ (Bragg) 反射が生じ，それらの

重ね合わせを表記したものと理解することができる.

ここでブロッホ関数 (4.103) 式を用いてハミルトニアンの固有値方程式を導出すると[*10],

$$\left[-\frac{\hbar^2}{2m_0}(\nabla + i\bm{k})^2 + V(\bm{r})\right] u_k(\bm{r}) = E_k u_k(\bm{r}) \quad (4.106)$$

となる.したがって $\bm{k} = 0$ では前項までに考えてきた束縛電子と同様,離散的なエネルギー固有値 $E_{n(\bm{k}=0)}$ を与えることがわかる.この離散準位は連続的に変化する $\bm{k}$ に対してエネルギーバンド $E_{nk}(= E_n(\bm{k}))$ とブリルアンゾーン端のバンド分裂によるバンドギャップからなるバンド構造を形成する.波数ベクトル $\bm{k}$ に着目すると,ブロッホ関数は逆格子ベクトル分の任意性をもつのと同様に,

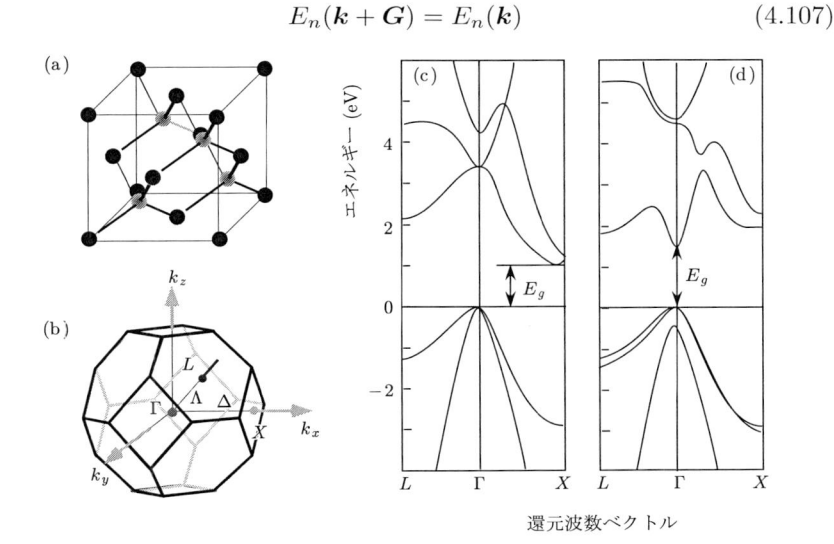

$$E_n(\bm{k} + \bm{G}) = E_n(\bm{k}) \quad (4.107)$$

図 4.15 (a) 2 つの面心立方格子からなる閃亜鉛鉱構造 (同種原子の場合はダイヤモンド構造) の実格子単位胞と (b) その第 1 ブリルアンゾーン.高い対称性をもつ点は Γ(ブリルアンゾーンの原点に相当し,最も高い対称性をもつ), L X などで表記される.(c) 間接遷移型半導体 Si と (d) 直接遷移型半導体 GaAs のバンド構造.対称性の高い線上の還元波数ベクトルに対してエネルギー固有値がプロットされている.

[*10] 微分演算子 $\hat{D}$ を引数とする任意の演算子 $f(\hat{D})$ に対して $f(\hat{D})[\exp(ax) y] = \exp(ax) f(\hat{D}+a)y$.

が成り立つ．エネルギーバンドは適当な逆格子ベクトルを選んで第1ブリルアンゾーンに還元することによって表される (図 4.15)．

4.4.3　バンド間遷移

ここでは半導体中の価電子バンドと伝導バンドとの間の遷移 (バンド間遷移) について考えてみよう．同様の手続きによって一般的なバンド間遷移や励起子遷移に応用することができる．価電子バンドと伝導バンドの固有状態はブロッホ関数を用いて

$$\phi_{n,k}(\boldsymbol{r}) = \frac{1}{\sqrt{N}} u_{k_n}(\boldsymbol{r}) \exp\left(i\boldsymbol{k}_n \cdot \boldsymbol{r}\right), \quad n = c(\text{伝導バンド}),\ v(\text{価電子バンド}) \tag{4.108}$$

と表せる．ここで $1/\sqrt{N}$ は規格化定数であり，N は結晶単位胞の個数である．離散準位系との違いは，あらたに波数ベクトル $\boldsymbol{k}$ が加わる点である．この運動量の寄与を相互作用に含めるため，ベクトルポテンシャル $\boldsymbol{A}$ を用いて相互作用ハミルトニアン H' を次式のように書き直す．

$$H'_c = \frac{1}{2m}(\boldsymbol{p} - e\boldsymbol{A})^2 + V(\boldsymbol{r})$$

電磁場の量子化のときと同様，クーロンゲージ $\nabla \cdot \boldsymbol{A} = 0$ をとり，さらに電場の 2 乗に比例する項 $(e\boldsymbol{A})^2/2m$ を無視すると相互作用ハミルトニアンは

$$\hat{H}'(\boldsymbol{r},t) = -\frac{e}{m}\hat{\boldsymbol{A}} \cdot \hat{\boldsymbol{p}} = \frac{ie\hbar}{m}\hat{\boldsymbol{A}}(\boldsymbol{r},t) \cdot \nabla \tag{4.109}$$

と書ける．光の波数ベクトル $\boldsymbol{k} \to 0$ の極限では (4.109) 式は，双極子近似に基づく $-e\boldsymbol{r} \cdot \boldsymbol{E}_0$ と一致する．簡単にするためベクトルポテンシャルを古典電磁波で表し，

$$\boldsymbol{A}(\boldsymbol{r},t) = \frac{1}{2}A_0 \boldsymbol{e} \left[\exp\left\{i(\boldsymbol{k}\cdot\boldsymbol{r} - \omega t)\right\} + \exp\left\{-i(\boldsymbol{k}\cdot\boldsymbol{r} - \omega t)\right\}\right] \tag{4.110}$$

のような単色平面波を考える．$\boldsymbol{e}$ は偏光を表す単位ベクトルである．遷移レート P_{cv} は (4.62) 式をもとに

$$P_{cv} = \frac{2\pi e^2}{\hbar m^2}|\mu_{c,v}|^2 \delta(E_{cv} - \hbar\omega) \tag{4.111}$$

で与えられる．ここで

$$\mu_{c,v} = \int \phi_{c,\bm{k}''}^* \bm{A} \cdot \nabla \phi_{v,\bm{k}'} d\bm{r}$$
$$= \frac{\hbar A_0}{2N} \int \exp\left[i(\bm{k}' - \bm{k}'' + \bm{k})\bm{r}\right] u_{\bm{k}_c''}^*(\bm{r}) \left[\bm{e} \cdot \nabla u_{\bm{k}_v'}(\bm{r}) + i\bm{e} \cdot \bm{k}' u_{\bm{k}_v'}(\bm{r})\right] d\bm{r} \tag{4.112}$$

である.位置ベクトル $\bm{r}$ は格子ベクトル $\bm{R}$ と位置ベクトル $\bm{r}'$ に分解できるので,ブロッホ関数の性質 $u_{\bm{k}_n}(\bm{r}') = u_{\bm{k}_n}(\bm{r}' + \bm{R})$ から,

$$\mu_{c,v} = \frac{\hbar A_0}{2N} \int \exp\left[i(\bm{k}' - \bm{k}'' + \bm{k})\bm{r}'\right] u_{\bm{k}_c''}^*(\bm{r}') \left[\bm{e} \cdot \nabla u_{\bm{k}_v'}(\bm{r}') + i\bm{e} \cdot \bm{k}' u_{\bm{k}_v'}(\bm{r}')\right] d\bm{r}'$$
$$\times \sum_N \exp\left[i(\bm{k}' - \bm{k}'' + \bm{k})\bm{R}\right] \tag{4.113}$$

となる.言い換えると,結晶の周期性を利用して空間積分を結晶単位胞内の積分の和として置き換えたことに相当する.$\sum_N \exp\left[i(\bm{k}' - \bm{k}'' + \bm{k})\bm{R}\right]$ は逆格子ベクトル $\bm{G}$ を用いて

$$\bm{k}' - \bm{k}'' + \bm{k} = \bm{G} \tag{4.114}$$

が成り立つとき0でない値をもつ.したがって遷移が起こるにはエネルギー保存則に加えて $\bm{k} = \bm{k}'' - \bm{k}'$ の運動量保存則を満たす必要がある.格子間隔に比べて光の波長が十分長いことを考えれば,この保存則は近似的に $\bm{k}'' = \bm{k}'$ と表され,これは同じ波数をもつ状態間の遷移,すなわちバンド間直接遷移に対応する.$\bm{k}$ 空間のバンド構造を考えたときに,価電子バンドの頂上と伝導バンドの底が同じ波数ベクトルに存在する場合は直接遷移が可能であり,直接遷移型半導体と呼ばれる (図 4.15(c)).逆に異なる場合はフォノン励起などを伴う間接遷移となり,間接遷移型半導体と呼ばれる[*11](図 4.15(d)).直接遷移が可能で $\bm{k}'' = \bm{k}'$ のとき,直交性により (4.113) 式の第 2 項は 0 になる.また $\sum_N \exp\left[i(\bm{k}' - \bm{k}'' + \bm{k})\bm{R}\right]$ は結晶の単位胞の数 N を与えるので,最終的な遷移レートとして

$$P_{cv} = \frac{\pi e^2 \hbar A_0^2}{2m^2} \left| \int u_{\bm{k}_c''}^*(\bm{r}) \bm{e} \cdot \nabla u_{\bm{k}_v'}(\bm{r}) d\bm{r} \right|^2 \delta(E_{cv} - \hbar\omega) \tag{4.115}$$

[*11] 一般に価電子バンドの頂上は Γ 点に存在するが,伝導バンドの底は物質によって異なる.

を得る.したがって遷移確率やそのレートを知るためには k 空間における価電子バンドと伝導バンドのエネルギー分散 ($E_v(\bm{k})$ および $E_c(\bm{k})$) を知ることが重要である.すべての k 空間でバンドの分散を正確に知るためには相当の計算が必要になるので,もし遷移に寄与する k の見当がつくのであれば,その周囲の分散だけを見積もっておけばよい (図 4.15(c) の場合は $\bm{k} \approx 0$).次項でそのようなバンド計算の一例を紹介しよう.

4.4.4　k·p 摂動によるバンド計算

k·p 摂動は近似的バンド計算手法の一種であり,特にバンド端付近の構造に対して極めて高い精度をもつ.したがって前項に述べた光学スペクトルの解釈に有効であり,実際多くの光学実験の論文でお目にかかる代表的手法である.k·p 摂動では,まず対称性の高いバンド端に着目し,その解析解を求めた後,これをもとにバンド端周辺の構造を摂動計算によって外挿する.以下ではまず k·p 摂動の方法について単一バンドに対する計算例をもとに概観した後,4つのバンドを扱うケイン (Kane) モデルについて述べ,4.4.5 項でスピンの効果を取り入れる.

ブロッホ関数のシュレディンガー方程式 (4.106) から出発しよう.運動量演算子 $\hat{\bm{p}} = -i\hbar \nabla$ を使うと (4.106) 式は

$$\left[\frac{\hat{\bm{p}}^2}{2m_0} + V(\bm{r}) + \frac{\hbar}{m_0} \bm{k} \cdot \hat{\bm{p}} + \frac{\hbar^2 k^2}{2m_0} \right] u_{nk}(\bm{r}) = E_n(\bm{k}) u_{nk}(\bm{r})$$

$$\left[\hat{H}_0 + \frac{\hbar}{m_0} \bm{k} \cdot \hat{\bm{p}} \right] u_{nk}(\bm{r}) = \left[E_n(\bm{k}) - \frac{\hbar^2 k^2}{2m_0} \right] u_{nk}(\bm{r}) \qquad (4.116)$$

と書ける.あえて運動量演算子に戻したのは,k·p 摂動の一般的表記と合わせるためである.また 3 次元空間を意識してベクトル表記にしてある.(4.116) 式の $\hat{H}_0$ はバンド端の $\bm{k} = 0$ の固有値 u_{n0} と固有エネルギー $E_n(0)$ を与えるので,右辺第 2 項を摂動項 ($\hat{H}'$) とすると $\bm{k} \neq 0$ のバンド構造に対する行列式が求まる.いま簡単のため縮退のない単一バンド (たとえば伝導帯) が他のバンドと縮退していない状況を考える.このとき 2 次までの摂動を考えると

$$E_n(\boldsymbol{k}) = E_n(0) + \frac{\hbar^2 k^2}{2m_0} + \frac{\hbar}{m_0}\boldsymbol{k}\cdot\boldsymbol{p}_{nn} + \frac{\hbar^2}{m_0^2}\sum_{n\neq m}\frac{|\boldsymbol{k}\cdot\boldsymbol{p}_{nm}|^2}{E_n(0) - E_m(0)}$$
(4.117)

が得られる．ここで $\boldsymbol{p}_{nm}$ は運動量演算子 $\hat{\boldsymbol{p}}$ に対する行列要素

$$\boldsymbol{p}_{nm} = \langle u_{n0}|\hat{\boldsymbol{p}}|u_{m0}\rangle = \int u_{n0}^*(\boldsymbol{r})\hat{\boldsymbol{p}}\,u_{m0}(\boldsymbol{r})d\boldsymbol{r} \qquad (4.118)$$

である．運動量演算子 $\hat{\boldsymbol{p}} \propto \nabla$ であることを考慮すると関数のパリティから (4.117) 式の第 3 項は 0 となる[*12]．したがって (4.117) 式は第 1 項と 2 項で表される自由電子のエネルギー分散に摂動項 (第 4 項) が加わった形をしていることがわかる．摂動項はバンド間のエネルギー差の逆数で与えられているので，当然のことながら近接バンドとの相互作用が補正項として大きな役割を果たす．たとえば GaAs の Γ 点に着目すると，伝導帯のエネルギー分散は価電子帯頂上の影響を最も強く受ける．ここで 2.4.3 項で述べたように，伝導帯は s 軌道的 (偶のパリティ)，価電子帯は p 軌道的 (奇のパリティ) な波動関数をもつ．$\hat{\boldsymbol{p}} \propto \nabla$ は奇のパリティに相当するので，摂動項の運動量行列要素は有限の値をもつことがわかる．

(4.117) 式は同時に 2.4.4 項で考えた有効質量を解析的表現として与える．価電子帯はスピンを考慮しない場合に 3 つの縮退した p 軌道的波動関数で表される．この運動量行列要素の大きさはケインパラメータ P と呼ばれ，次のように定義される．

$$P \equiv -i\frac{\hbar}{m_0}\langle S|\hat{p_x}|X\rangle \qquad (4.119)$$

ここで $|S\rangle$ は s 軌道の伝導帯波導関数，$|X\rangle(|Y\rangle, |Z\rangle)$ は $p_x(p_y, p_z)$ 軌道の価電子帯波動関数を表す．ケインパラメータを用いると，伝導帯のエネルギー分散は

$$\begin{aligned}E_c(\boldsymbol{k}) &= E_c(0) + \frac{\hbar^2 k^2}{2m_0} + \frac{\hbar^2}{m_0^2}\frac{|k(im_0/\hbar)P|^2}{E_c(0) - E_v(0)} \\ &= E_c(0) + \frac{\hbar^2 k^2}{2m_0}\left(1 + \frac{2m_0 P^2}{\hbar^2 E_g}\right)\end{aligned} \qquad (4.120)$$

[*12] ∇ は奇のパリティをもつので，$\langle u_{n0}|$ と $\hat{p}|u_{m0}\rangle$ は必ず異なるパリティ状態をもつ．これにより (4.117) 式の第 3 項が 0 となるため，摂動エネルギーとして 2 次まで考慮しなければならない．

のようにまとめられる.したがって電子の有効質量 m_e^* は

$$\frac{1}{m_e^*} = \frac{1}{m_0}\left(1+\frac{2m_0 P^2}{\hbar^2 E_g}\right) = \frac{1}{m_0}\left(1+\frac{E_P}{E_g}\right) \qquad (4.121)$$

となる.ここで E_P はケインエネルギーと呼ばれる.上式をもとに,大雑把な定量的解析を加えておこう.運動量行列要素の大きさは価電子帯波動関数の $\hat{p}$,すなわち 1 階微分で与えられる.Γ 点の伝導帯の底 (価電子帯の頂上) は第 2 ブリルアンゾーン端の波数ベクトル $2\pi/a$ に相当するので,たとえば GaAs について考えると,格子定数 $a \approx 0.5\,\mathrm{nm}$ から $E_P \approx 24\,\mathrm{eV}$ と求まる.この値は実験測定から得られる値 $E_P = 29\,\mathrm{eV}$ に極めて近いことがわかる.実際,有効質量を $E_P = 24\,\mathrm{eV}$,GaAs のバンドギャップ $E_g = 1.55\,\mathrm{eV}$ から求めると,$m_e^* = 0.061 m_0$ となり実測値 ($m_e^* = 0.067 m_0$) によく一致する.ところでこの計算からもわかるように,バンドギャップの小さな半導体では $E_g \ll E_P$ であり,$m_e^* \propto E_g$ である.この関係も実測値によく合うことが知られている.

以上の k·p 摂動法を基礎として,より現実的な複数バンドの構造計算に拡張していこう.縮退していない複数バンドの波動関数は

$$u_{n\bm{k}}(\bm{r}) = \sum_m a_m u_{m0}(\bm{r})$$

で与えられる.着目する複数バンドを限定すれば,上式は正規直交関数系として扱える.これを (4.116) 式に代入して整理すると

$$\sum_m \left[\left\{E_m(0) + \frac{\hbar^2 k^2}{2m_0}\right\}\delta_{nm} + \frac{\hbar}{m_0}\bm{k}\cdot\bm{p}_{nm}\right]a_m = E_n(\bm{k})a_n \qquad (4.122)$$

となり,左辺のハミルトニアン行列 $\hat{H}$ を対角化すれば,各波数ベクトル k に対する着目したバンドのエネルギー固有値が求まる.このような手法はケインモデルと呼ばれる.いま考える複数バンドを Γ 点付近の伝導帯 $|S\rangle$ と 3 つの価電子帯 $|X\rangle$,$|Y\rangle$,$|Z\rangle$ に限定しよう.Γ 点では対称性から

$$\langle S|\hat{p_x}|X\rangle = \langle S|\hat{p_y}|Y\rangle = \langle S|\hat{p_z}|Z\rangle = i\frac{m_0}{\hbar}P \qquad (4.123)$$

また,たとえば $|Z\rangle$ は z に関して奇関数であるが,x,y に関して偶関数である

(図 4.3 の p_z 波動関数を参照) ことを考慮すると価電子帯同士の結合は 0 となる．よって (4.122) 式左辺は

$$\hat{H}\,|u_{n0}\rangle = \begin{bmatrix} H_c & iPk_x & iPk_y & iPk_z \\ -iPk_x & H_v & 0 & 0 \\ -iPk_y & 0 & H_v & 0 \\ -iPk_z & 0 & 0 & H_v \end{bmatrix} \begin{bmatrix} |S\rangle \\ |X\rangle \\ |Y\rangle \\ |Z\rangle \end{bmatrix} \quad (4.124)$$

となる．ここで $H_c = E_c(0) + (\hbar^2 k^2/2m_0)$, $H_v = E_v(0) + (\hbar^2 k^2/2m_0)$ である．これは価電子バンドの頂上を基準にとることにより $H_c = E_g + (\hbar^2 k^2/2m_0)$, $H_v = (\hbar^2 k^2/2m_0)$ となる．$\det|E(\boldsymbol{k}) - \hat{H}| = 0$ を解くと，4 つのバンド固有値は

$$\begin{aligned} E_c(\boldsymbol{k}) &= \frac{1}{2}E_g + \frac{\hbar^2 k^2}{2m_0} + \frac{1}{2}\sqrt{E_g{}^2 + 4k^2 P^2} \\ E_{hh}(\boldsymbol{k}) &= \frac{\hbar^2 k^2}{2m_0} \quad \text{(二重縮退)} \\ E_{lh}(\boldsymbol{k}) &= \frac{1}{2}E_g + \frac{\hbar^2 k^2}{2m_0} - \frac{1}{2}\sqrt{E_g{}^2 + 4k^2 P^2} \end{aligned} \quad (4.125)$$

のように解析的に表現される．二重縮退した重い正孔 (hh) バンドは下に凸の自由電子バンドと等価であることがわかる．下に凸の分散は明らかに期待される振る舞いと異なるが，Γ 点付近の hh バンドと軽い正孔 (lh) バンド，電子バンドの相対的分散関係はよく再現できる (図 4.16 を参照)．hh バンドの補正はラッティンジャー・コーンモデルで別のバンドからの寄与を厳密に取り入れるまで待たなければならない．また Γ 点ですべての価電子帯は縮退するが，これは 4.4.5 項のスピン・軌道相互作用を考慮することにより 2 つに分裂する．同時に hh バンドの二重縮退も解ける．さらに歪や結晶場の影響が加わると Γ 点においてもすべての縮退が解ける．

4.4.5　スピンを考慮した k·p 摂動

前節に引き続き 4 つのバンド (CB+3VB) に着目しよう．1 つのバンドには 2 つのスピン状態が縮退していることを考慮する．3.4.4 項あるいは 4.1 節で触れられているとおり，電子のスピン量子数は↑上向きと↓下向きの 2 種類が

存在し，たとえば外部磁場が存在すると磁場の方向に対してスピン縮退が解ける．他方，s 軌道以外の電子はスピン以外に有限の軌道角運動量 ℓ をもつ (表 4.1 を参照)．電子の軌道角運動は電荷の巡回に伴って有効磁場を発生させ，電子自身のもつスピンと相互作用 (スピン・軌道相互作用) する．すなわち軌道角運動量 ℓ とスピン s の結合が生じる．結合の大きさはクレプシュ・ゴルダン (Clebsch–Gordan) 係数で表され，固有関数の基底は量子数 ℓ, s の代わりに全角運動量をもとにした以下に示すような固有状態 $|j, j_z\rangle$ で書き換えられる[*13]．

$$\begin{bmatrix} |\tfrac{3}{2}, +\tfrac{3}{2}\rangle \\ |\tfrac{3}{2}, +\tfrac{1}{2}\rangle \\ |\tfrac{3}{2}, -\tfrac{1}{2}\rangle \\ |\tfrac{3}{2}, -\tfrac{3}{2}\rangle \\ |\tfrac{1}{2}, +\tfrac{1}{2}\rangle \\ |\tfrac{1}{2}, -\tfrac{1}{2}\rangle \end{bmatrix} = \frac{1}{\sqrt{6}} \begin{bmatrix} \sqrt{3} & i\sqrt{3} & 0 & 0 & 0 & 0 \\ 0 & 0 & 0 & i & -1 & -2i \\ 1 & -i & 2 & 0 & 0 & 0 \\ 0 & 0 & 0 & i\sqrt{3} & \sqrt{3} & 0 \\ 0 & 0 & 0 & \sqrt{2} & i\sqrt{2} & \sqrt{2} \\ -i\sqrt{2} & -\sqrt{2} & i\sqrt{2} & 0 & 0 & 0 \end{bmatrix} \begin{bmatrix} |X\uparrow\rangle \\ |Y\uparrow\rangle \\ |Z\downarrow\rangle \\ |X\downarrow\rangle \\ |Y\downarrow\rangle \\ |Z\uparrow\rangle \end{bmatrix}$$
(4.126)

スピン・軌道相互作用のハミルトニアン $\hat{H}_{so}$ は軌道角運動量演算子 $\hat{\boldsymbol{L}}$ とスピン角運動量演算子 $\hat{\boldsymbol{S}}$ を用いて次式で与えられる．

$$\begin{aligned}\hat{H}_{so} &= \lambda \hat{\boldsymbol{L}} \cdot \hat{\boldsymbol{S}} \\ &= \frac{\hbar^2}{2}[j(j+1) - l(l+1) - s(s+1)]\end{aligned} \quad (4.127)$$

ここで λ はスピン軌道相互作用定数である．この式を非摂動ハミルトニアンとして (4.116) 式に追加すれば，先と同様に対角化することで各状態のバンド固有値が求まる．$\hat{H}_{so}$ で結ばれる行列要素はもとの純粋基底の直交性から大半が 0 となり，有限値は対角項に現れる下記の要素

[*13] ここではラッティンジャー・コーン表示を用いた．これ以外にクレブシュ・ゴルダン表示があり，位相が異なるので注意が必要．

$$\langle X \uparrow | \hat{H}_{so} | Y \uparrow \rangle = \langle Y \uparrow | \hat{H}_{so} | Z \downarrow \rangle = \langle Y \downarrow | \hat{H}_{so} | Z \uparrow \rangle = -i\frac{\Delta_{so}}{3}$$

$$\langle X \uparrow | \hat{H}_{so} | Z \downarrow \rangle = \frac{\Delta_{so}}{3}$$

$$\langle X \downarrow | \hat{H}_{so} | Z \uparrow \rangle = -\frac{\Delta_{so}}{3}$$

$$\langle X \downarrow | \hat{H}_{so} | Y \downarrow \rangle = i\frac{\Delta_{so}}{3}$$

と，これらの複素共役である．ここで Δ_{so} はスピン・軌道分裂エネルギーに相当し，$\Delta_{so} = 3\lambda\hbar^2/2$ である．GaAs を例にとると，$\Delta_{so} = 0.35\,\mathrm{eV}$ 程度の値をもつ．(4.126) 式を基底とする 8×8 ハミルトニアン行列は，波数ベクトルを $\boldsymbol{k} = k_z$ にとることによって 4×4 行列に簡単化され，

$$\hat{H}|u_{n0}\rangle = \begin{bmatrix} H_c & 0 & -i\sqrt{2/3}Pk & i\sqrt{1/3}Pk \\ 0 & H_v & 0 & 0 \\ i\sqrt{2/3}Pk & 0 & H_v & 0 \\ -i\sqrt{1/3}Pk & 0 & 0 & H_v - \Delta_{so} \end{bmatrix} \begin{bmatrix} |S\rangle \\ |\frac{3}{2}, +\frac{3}{2}\rangle \\ |\frac{3}{2}, +\frac{1}{2}\rangle \\ |\frac{1}{2}, +\frac{1}{2}\rangle \end{bmatrix}$$
(4.128)

と表される．スピン縮退はそのまま残っており，1 つのバンドに $|\uparrow\rangle$, $|\downarrow\rangle$ の 2 つの状態が含まれることに注意して欲しい．対角化により得られるエネルギー分散を図 4.16(b) に示す．Γ 点付近のバンド構造はスピンを無視した場合 (図 4.16(a)) に比べかなり改善されている．すなわちスピン軌道分裂によりスプリットオフ (SO) バンドが形成されている．また有限の $\boldsymbol{k}$ において hh バンドと lh バンドの縮退が解ける．残念ながら hh バンドはいまだ下に凸の形をしており，これは (4.128) 式で hh が他のバンドと結合していないことからもわかる[*14]．また lh バンドに関しても $\boldsymbol{k}$ が大きくなるとフラットバンドとなり，現実と異なる．これらの振る舞いはラッティンジャー・コーンモデルを用いて hh バンドを厳密に解くことにより補正され，図 4.16(c) のような結果を得ることができる．この結果は実際のバンド構造を広い $\boldsymbol{k}$ 空間で再現しているが，逆にみるとバンド端周辺のケインモデルの結果は高い精度をもつことを確認できる．

[*14] 自由電子のバンド構造と等価になっている．

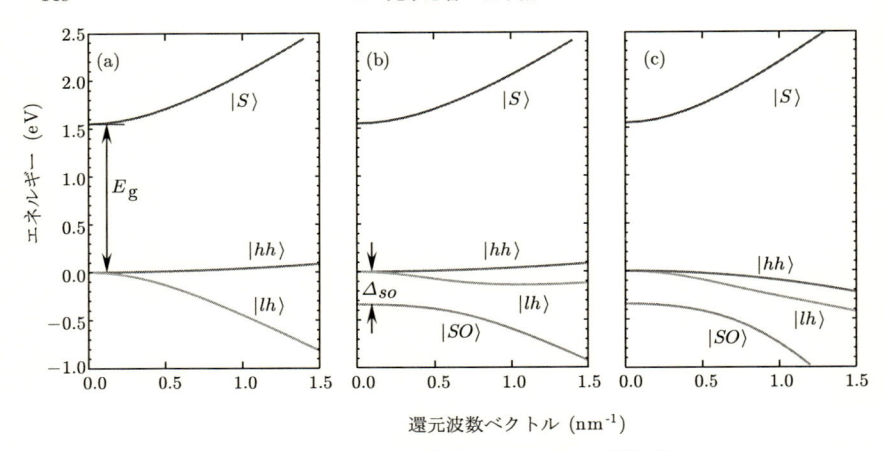

図 4.16 GaAs の Γ 点付近におけるバンド計算結果
(a) スピンを考慮しない k·p 摂動，(b) ケインモデル，(c) ラッティンジャー・コーンモデル

4.4.6 格子振動 (フォノン)

本項では格子系について触れておく．結晶において主要な散乱要因はフォノンであり，これは 4.5 節で考える緩和の支配的なメカニズムとなる．フォノンとは格子振動，すなわちイオン核の平衡位置まわりの変位運動を量子化したものであり，単位格子が複数原子からなる半導体では，原子がまとまって振動する音響フォノンと，互いに異なる位相で振動する光学フォノンの 2 種類が存在する．格子系の波動関数もブロッホ関数で表され，その導出は電子の場合と同じである．たとえば 2 原子からなる 1 次元格子の分散曲線と波数 $k=0$ 寄りのフォノン振動の様子を図 4.17 に示すと，ブリルアンゾーン端ではバンド分裂に相当するエネルギー縮退の解ける様子が確認できる．

ブリルアンゾーンの中心において，音響分岐はエネルギー 0 となるのに対し，光学分岐は有限のエネルギーをもつ．これは光学フォノンでは，2 原子がちょうど逆位相で振動するためである．また光学フォノンでは，ブリルアンゾーンの中心と端でエネルギー変化が小さいことも特徴である．このことは光学フォノンが限定されたエネルギーしかとりえないことを意味している．単位格子が 2 原子からなる 3 次元結晶では各分岐に対して 2 つの横波モードと 1 つの縦波モードが存在する．これらは 1 つの縦波音響フォノン (LA)，2 つの横波音響

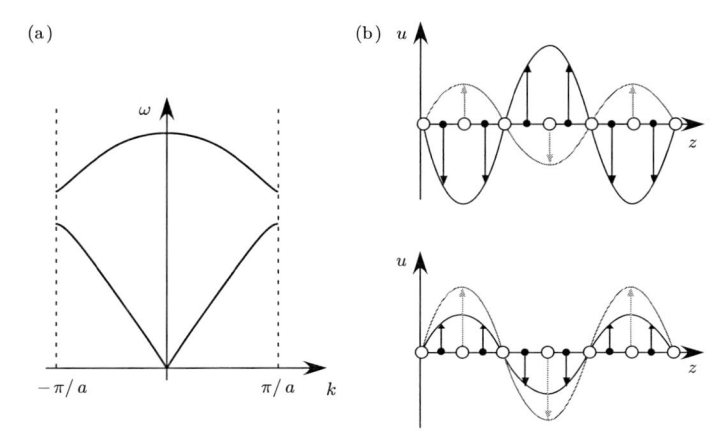

図 4.17 (a) 2 原子鎖におけるフォノンの分散曲線と対応する (b) 光学分岐 (上) および音響分岐 (下) の原子変位 u

フォノン (TA),1 つの縦波光学フォノン (LO),2 つの横波光学フォノン (TO) である.LA フォノンは膨張・圧縮による体積変化を,TA フォノンは横ずれ歪を伴いながら結晶中を伝搬する.ブリルアンゾーン中心では LA および TA フォノンは縮退しているが,GaAs などの多元系半導体では光学フォノンの縮退が解けている.これは異種原子が結合するときに生じるイオン性のためで,縦波では正負電荷のおよぼすクーロン相互作用の分だけエネルギーが高くなる.

有限の波数をもつ縦波フォノンは結晶に周期的な体積変化をもたらす.電子のバンド理論から明らかなように,結晶の変形は電子のエネルギーに変化を引き起こす.このような体積変化による電子・フォノン相互作用は,変形ポテンシャル相互作用と呼ばれる.体積変化はフォノンの存在する領域の電子のみに作用するため,短距離相互作用である.変形ポテンシャル相互作用は,音響フォノン,光学フォノンの両者に共通する相互作用であるが,主として縦波フォノンで強く起こる.その理由は,疎密波である縦波が結晶の体積変化を直接引き起こし,すべてのエネルギーバンドに作用するためである.

中心対称性のない結晶において,音響フォノンにより生じる歪変化は巨視的なピエゾ電場を誘起する.このような電場もクーロン相互作用を通して電子状態に変化を与える.結晶変形の引き起こす振動電場による相互作用はピエゾ電気型の相互作用として知られる.変形ポテンシャル相互作用が体積変化を伴う

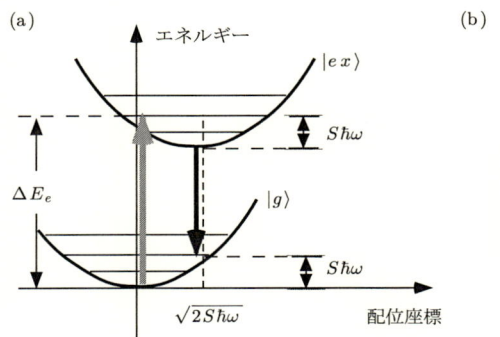

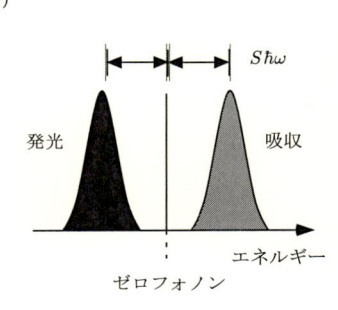

図 4.18 (a) 局在電子・フォノン系の基底状態と励起状態に対する断熱ポテンシャル曲線，(b) S が十分大きいときの吸収および発光スペクトルの模式図

縦波フォノンに特有の相互作用であったのに対し，ピエゾ電気型相互作用は歪変化を与える縦波，横波音響フォノンに共通の相互作用である．

イオン性結晶において，LO フォノンは電子との間に強いクーロン相互作用を生じる．音響フォノンに対するピエゾ電気型相互作用と同様に，LO フォノンは結晶中に電荷の縞を作り，巨視的な振動分極を誘起する．LO フォノンと電子の相互作用はフレーリッヒ (Frölich) 相互作用と呼ばれる．その相互作用はクーロン力が源であり，離れた電子にも影響を与える長距離相互作用である．

つぎに空間的に局在した電子とフォノンとの相互作用が光学スペクトルに与える変化について考えよう．断熱近似のもと，シュレディンガー方程式はフォノンの波動関数 ψ_L と電子波動関数 ψ_e に分離して

$$(K_L + U_L + E_e)\psi_L = E_L\psi_L$$
$$(H_e + H_i)\psi_e = E_e\psi_e \tag{4.129}$$

と記述される．ここで H_e, H_i は孤立電子のハミルトニアンと電子・フォノン相互作用ハミルトニアンであり，$K_L + U_L$ はフォノンの運動エネルギーとポテンシャルエネルギーのハミルトニアンである．$E_A = E_e + U_L$ は断熱ポテンシャルと呼ばれ，格子変位をパラメータとした放物曲線で描かれる．格子変位に対する断熱ポテンシャルの形状が電子の基底状態と励起状態で等しく記述できるならば，図 4.18(a) のように表すことができる．すなわち全系の安定点は基底状態と励起状態で異なっている．横軸のシフト量は，電子の基底状態と励

起状態に対する電子・フォノン相互作用の違いに起因している．調和振動子を用いて1フォノンのエネルギーを $\hbar\omega_q$ で表すと，電子基底状態 $E_{e,g}$ および励起状態 $E_{e,ex}$ における電子・フォノン系の固有エネルギーは

$$E_{e,g} = \left(m + \frac{1}{2}\right)\hbar\omega_q$$

$$E_{e,ex} = \Delta E_e - S\hbar\omega + \left(n + \frac{1}{2}\right)\hbar\omega_q \tag{4.130}$$

と表される．ここで S はホアンリー因子と呼ばれ，垂直遷移により電子が励起状態の断熱ポテンシャル上に遷移したときに，曲線の底に至るまでに何個のフォノンを放出する必要があるかを表している．したがって電子・フォノンの相互作用の大きさを見積もるための指標となる．横軸のシフト量は $\sqrt{2S\hbar\omega}$ と表される．また調和振動子における遷移行列要素から，吸収スペクトルの強度分布 $I(\omega)$ は S と

$$I(\omega) = \sum_n \frac{S^n}{n!} \exp(-S) \delta[E - (\Delta E_e - S\hbar\omega + n\hbar\omega_q)] \tag{4.131}$$

の関係をもつ．したがって吸収スペクトルは $n \sim S$ においてピークをもち，そのエネルギーは ΔE_e で与えられることがわかる．ここでフォノンの放出を伴わない吸収エネルギーはゼロフォノン線と呼ばれ，$T \sim 0$ において最低エネルギーの遷移を与える．もし発光と吸収を同時に観測したならば，図 4.18(b) に示すようにゼロフォノン線を中心として対称なエネルギーシフトを伴うスペクトルが観測される．S が大きくなると吸収ピークはゼロフォノン線から大きくシフトし，スペクトル分布に広がりが生じる．現実の系には連続的な振動数を有するフォノンが存在するので，(4.131) 式で与えられる離散的なスペクトルは重なり合ってフォノンサイドバンドを形成する．S が比較的小さい値のとき，$T \sim 0$ においてフォノンサイドバンドは非対称な形状をもつ．しかしながら温度が上昇するとフォノンの吸収過程もフォノンサイドバンドとしてピークエネルギーに対して対称なスペクトル広がりを形成する．

4.5 緩　和

4.5.1 緩和とスペクトル幅

本節では現象論的に緩和を取り込むことにより，スペクトル幅や時間発展にどのような変化がみられるか調べることから始める．前節までは特定準位間の光学遷移を扱ってきた．このように状態が完全に決定された系に対する光学遷移を扱うことは現実には稀であり，たとえば 4.3.4 項後半で考えた自然放出による緩和が必ず存在する．(4.94) 式で表される自然放出の緩和レートに基づいて，エネルギー緩和による緩和定数 $\gamma/2$ を状態の時間発展の中に現象論的に取り込むと，(4.66) 式で与えられていた 2 準位系が満たす微分方程式は

$$\dot{C}_e(t) = -\frac{1}{2}\gamma_e C_e(t) + \left(\frac{i}{2}\right) R_{ge} \exp\left(-i\Delta\omega t\right) C_g(t)$$

$$\dot{C}_g(t) = -\frac{1}{2}\gamma_g C_g(t) + \left(\frac{i}{2}\right) R_{ge}^* \exp\left(i\Delta\omega t\right) C_e(t) \quad (4.132)$$

のように変更される．1 次摂動の近似のもと，(4.54) 式の導出と同様に 2 準位系の確率振幅の時間発展が求まる．光学遷移確率の時間変化は周波数スペクトル $\widetilde{F}(\omega)$ とフーリエ変換の関係にあるので

$$\widetilde{F}(\omega) = \int dt |C_e^{(1)}(t)|^2 = \frac{1}{2}\frac{R_{ge}^2}{\Delta\omega^2 + \gamma_{ge}^2} \quad (4.133)$$

として表されるローレンツ関数型のスペクトルを与える．ここで $\gamma_{ge} = (\gamma_g + \gamma_e)/2$ である．たとえば大きなエネルギー間隔の離散準位を形成する孤立原子では，散乱によるエネルギー緩和が存在しないので，自然放出がスペクトルの形状を決める．すなわちエネルギー準位における電子の寿命がスペクトル半値幅 γ の広がりを与える．このような寿命によって決まるスペクトル幅は自然幅と呼ばれ，第 2 章で考えたローレンツモデルのスペクトル半値幅に対応する (図 4.19)．

つぎにエネルギー変化を伴わない，弾性散乱について考えよう．弾性散乱ではエネルギー遷移はないと考えることができるので，その寄与は位相の変化として $\exp(i\Delta\omega t)$ の項を $\exp[i(\Delta\omega t + \phi(t))]$ のように変更することで表される．先

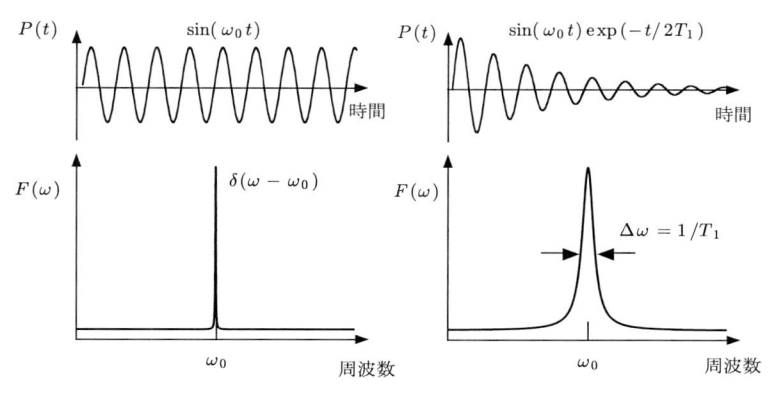

図 4.19 縦緩和による線幅広がりの概念図
$T_1 \to \infty$ (左) と有限寿命 (右) の分極振動 (上) とスペクトル (下).

の議論と同様に，この時間係数はスペクトルとして $\widetilde{F}(\omega) \propto F\left[\exp\{i\phi(t)\}\right]$ を与える．すなわち位相の時間変化もまたスペクトルの広がりを与える．確率論的モデルに基づくと，散乱による相関時間が無限に短い近似 (マルコフ (Markov) 近似) において先の寿命の場合と同様の $\exp(-\gamma_\phi t)$ で表される時間変化を与える．したがってマルコフ近似を満たす弾性散乱は半値幅 $2\gamma_\phi$ をもつローレンツ関数型のスペクトル形状を与える．この近似が成立する条件は，格子系の熱運動がランダムに起こる場合で，着目している電子系と格子系との相互作用が弱い場合に相当する．相互作用がある程度強ければ，格子系自身が電子遷移によって非平衡状態に励起されるため，単純なローレンツ関数とは異なる形状をもつスペクトルとなる．

理想的に一様な単結晶において，格子振動 (フォノン) による電子の散乱は均一に起こると考えられる．したがって励起電子は，あらゆる領域で同等の摂動を受けると考えることができる．この場合，スペクトルの形状は領域の大きさによらず一定である．このようなスペクトル幅は均一幅と呼ばれる．他方，一般的なナノ構造中の局在電子系では，結晶領域に応じてフォノンとの相互作用は不均一である．統計平均的に見ると，このばらつきは均一幅よりも広いスペクトル幅 (不均一幅) を与える．不均一幅を与えるスペクトル広がりを不均一広がりと呼ぶ．

4.5.2 密度演算子とコヒーレンス

(4.132) 式から明らかなように，指数関数的な緩和を含む 2 準位系の確率振幅の和は時間とともに減衰していく．これは真空場や格子場，およびこれらとの相互作用を正確に記述できないことに起因する．言い換えると，(4.132) 式では状態の時間発展を限られた情報で表現したのである．このように規格化されていない波動関数で記述される系を混合状態と呼ぶ．逆に観測する系の状態が完全に決定されている理想的な場合は純粋状態と呼ばれる．混合状態の一般的な定式化は密度演算子を用いて達成される．対比を明らかにするため，はじめに純粋状態の密度演算子を定義しておこう．状態ベクトル $|n\rangle$ を用いると波動関数は $|\psi(t)\rangle = \sum_n |n\rangle C_n(t)$ と表される．このとき密度演算子 $\hat{\rho}(t)$ は次式で定義される．

$$\hat{\rho}(t) = |\psi(t)\rangle\langle\psi(t)| \tag{4.134}$$

この系に対する物理量 A の測定値，すなわち演算子 $\hat{A}$ の期待値は

$$\begin{aligned}\langle\hat{A}\rangle &= \langle\psi(t)|\hat{A}|\psi(t)\rangle = \sum_{n,m} C_m^*(t)C_n(t)\langle m|\hat{A}|n\rangle \\ &= \sum_{n,m} \rho_{nm}(t)A_{mn} = Tr[\hat{A}\hat{\rho}(t)]\end{aligned} \tag{4.135}$$

と書ける．ここで $\rho_{nm}(t)$ は $\hat{\rho}(t)$ の行列要素であり，密度行列と呼ばれる．純粋状態の密度行列は

$$\rho_{nm}(t) \equiv C_m^*(t)C_n(t)\exp\left(-i\omega_{nm}t\right) \tag{4.136}$$

である．一方，混合状態を考える場合は，系に関する完全な情報をもちあわせていないため，統計平均的な扱いを必要とする．もともと量子論で求まる物理量は演算子の期待値として確率的に表現されるが，系が純粋状態にあればその確率分布は一意に決定される．これに対して混合状態にある系は確率分布に重みをつけた統計平均値となり，密度演算子および密度行列で表すと

4.5 緩　和

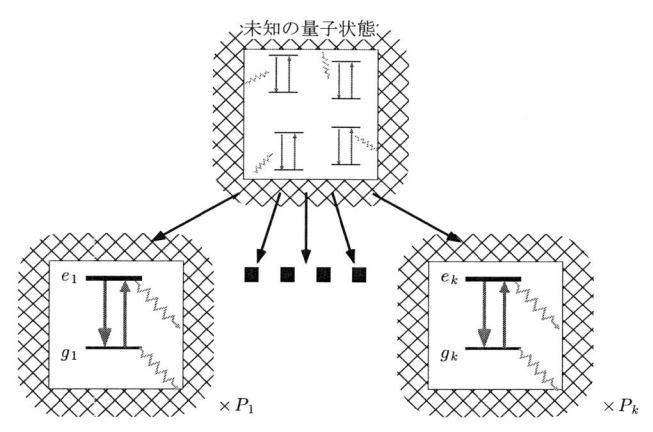

図 4.20 混合状態の概念図
着目する 2 準位系は未知の量子状態との相互作用のみ統計平均的に得られている．

$$\hat{\rho}(t) = \sum_k P_k |\psi(t)\rangle\langle\psi(t)|$$

$$\rho_{nm}(t) \equiv \overline{C_m^*(t) C_n(t) \exp(-i\omega_{nm}t)} \tag{4.137}$$
$$= \sum_k P_k C_{km}^*(t) C_{kn}(t) \exp(-i\omega_{nm}t)$$

のように定義される．ここで P_k は重み関数であり，純粋状態は混合状態において $P_k = 1$ を満たす場合に相当する．緩和を含めた時間項を一般化するために，相互作用表示からシュレディンガー表示に変換すると密度行列は簡単な形で定義され，

$$\rho_{nm}(t) \equiv \overline{c_m^*(t) c_n(t)} = \sum_k P_k c_{km}^*(t) c_{kn}(t) \tag{4.138}$$

となる．いずれの場合も演算子 $\hat{A}$ の期待値は

$$\langle \hat{A} \rangle = \sum_k P_k \langle\psi(t)|\hat{A}|\psi(t)\rangle = Tr[\hat{A}\hat{\rho}(t)] \tag{4.139}$$

となり，混合状態においても (4.135) 式と同様の形式で表現できることがわかる．
　混合状態の密度演算子の時間発展について考えておこう．$\hat{\rho}(t)$ を時間微分すると

$$\frac{\partial \hat{\rho}(t)}{\partial t} = \frac{\partial}{\partial t}|\psi(t)\rangle\langle\psi(t)| + |\psi(t)\rangle\frac{\partial}{\partial t}\langle\psi(t)|$$
$$= -\frac{i}{\hbar}\left(\hat{H}\hat{\rho} - \hat{\rho}\hat{H}\right) = -\frac{i}{\hbar}\left[\hat{H}, \hat{\rho}\right] \quad (4.140)$$

が求まる．これは密度演算子が満たす時間発展の方程式であり，リューブル方程式と呼ばれる．いま簡単な場合として

$$|\psi(t)\rangle = C_e(t)\exp\left(-i\omega_e t\right)|e\rangle + C_g(t)\exp\left(-i\omega_g t\right)|g\rangle \quad (4.141)$$

で与えられる 2 準位系を考えよう．このとき密度演算子として

$$\hat{\rho} = |\psi\rangle\langle\psi| = \begin{bmatrix} \psi_e \\ \psi_g \end{bmatrix} \begin{bmatrix} \psi_e^* & \psi_g^* \end{bmatrix} \quad (4.142)$$

$$= \begin{bmatrix} C_e(t)C_e^*(t) & C_e(t)C_g^*(t)\exp\left(-i\omega_{eg}t\right) \\ C_e^*(t)C_g(t)\exp\left(i\omega_{eg}t\right) & C_g(t)C_g^*(t) \end{bmatrix} = \begin{bmatrix} \rho_{ee} & \rho_{ge} \\ \rho_{eg} & \rho_{gg} \end{bmatrix}$$

が得られる．行列の対角要素は実数値であり，各準位における存在確率を表している．他方，非対角要素は複素関数である．ここで緩和時間を含めるために系のハミルトニアンを

$$\hat{H} = \hat{H}_0 + \hat{H}_i + \hat{H}_R \quad (4.143)$$

のように分解する．第 1 項は非摂動のハミルトニアン，第 2 項は光との相互作用ハミルトニアン，第 3 項は現象論的に記述された緩和ハミルトニアンである．前項の考察に基づいて整理すると準位 $|e\rangle$ のエネルギー緩和定数 γ_e は次のように対角項の時間発展の方程式に含めることができる．

$$\frac{\partial \rho_{ee}}{\partial t} = -\frac{i}{\hbar}[\hat{H}_R, \hat{\rho}]_{ee}$$
$$\frac{1}{\gamma_e} = -\frac{i\hbar\rho_{ee}}{[\hat{H}_R, \hat{\rho}]_{ee}} \quad (4.144)$$

同様に

$$\frac{1}{\gamma_g} = -\frac{i\hbar\rho_{gg}}{[\hat{H}_R, \hat{\rho}]_{ee}} \quad (4.145)$$

で与えられる．2 準位系の寿命は

$$T_1 = \frac{1}{2}\left(\frac{1}{\gamma_g} + \frac{1}{\gamma_e}\right) \quad (4.146)$$

で表され，T_1 は縦緩和時間もしくはエネルギー緩和時間と呼ばれる．$|g\rangle$ が文字通り基底準位の場合は $T_1 = 1/2\gamma_e$ である．他方，非対角項で記述される

$$\frac{\partial \rho_{ge}}{\partial t} = -\frac{i}{\hbar}[\hat{H}_R, \hat{\rho}]_{ge} \tag{4.147}$$

$$\frac{1}{\gamma_{ge}} = \frac{i\hbar\rho_{ge}}{[\hat{H}_R, \hat{\rho}]_{ge}}$$

は横緩和もしくは位相緩和と呼ばれ，

$$\gamma_{ge} = \frac{(\gamma_g + \gamma_e)}{2} + \gamma_\phi \tag{4.148}$$

の関係が成立する．系のコヒーレンスを決める位相緩和時間は $T_2 = 1/\gamma$ で定義されるが，非対角項に現れる γ_ϕ のみに着目する場合は純位相緩和 (T_2^*) と呼んで区別する場合がある．まとめると

$$\frac{1}{T_2} = \frac{1}{2T_1} + \frac{1}{T_2^*} \tag{4.149}$$

となる．

　緩和を含む2準位系の時間発展を記述するのに有効な光学的ブロッホ方程式とそのベクトル表示について触れておこう．ブロッホ方程式は本来磁場中スピンの才差運動を記述するために用いられるが，これまでに求めた光電場中の2準位系電子にも簡単に応用できる．ブロッホベクトル $\boldsymbol{U} = U\boldsymbol{e}_x + V\boldsymbol{e}_y + W\boldsymbol{e}_z$ は密度行列要素を用いて以下のように定義される．

$$\begin{aligned} U &= \rho_{eg}\exp(i\omega t) + \rho_{ge}\exp(-i\omega t) \\ V &= i\rho_{eg}\exp(i\omega t) - i\rho_{ge}\exp(-i\omega t) \\ W &= \rho_{ee} - \rho_{gg} \end{aligned} \tag{4.150}$$

U, V は密度行列の非対角項からなり，W は上準位と下準位の存在確率の差で表される．(4.73) 式で与えられるスピン演算子 $\hat{\boldsymbol{\sigma}} = \hat{\sigma}_x\boldsymbol{e}_x + \hat{\sigma}_y\boldsymbol{e}_y + \hat{\sigma}_z\boldsymbol{e}_z$ を用いると

$$\hat{\boldsymbol{U}} = tr(\hat{\rho}\hat{\boldsymbol{\sigma}}) \tag{4.151}$$

である．緩和を形式的に含んだ (4.132) 式を用いると，(4.142) 式の各要素は

$$\dot{\rho}_{ee} = \dot{C}_e C_e^* + C_e \dot{C}_e^*$$

$$= -\gamma_e \rho_{ee} - \left(\frac{i}{2}\right) R_{eg} \left[\rho_{eg} \exp(i\omega t) - \rho_{ge} \exp(-i\omega t)\right]$$

$$\dot{\rho}_{gg} = -\gamma_g \rho_{gg} - \left(\frac{i}{2}\right) R_{eg} \left[\rho_{eg} \exp(i\omega t) - \rho_{ge} \exp(-i\omega t)\right] \quad (4.152)$$

$$\dot{\rho}_{eg} = \dot{\rho}_{ge}^* = -(i\omega_{eg} + \gamma_{eg})\rho_{eg} - \left(\frac{i}{2}\right) R_{eg}(\rho_{ee} - \rho_{gg}) \exp(-i\omega t)$$

となるので，緩和を含むブロッホベクトルの時間発展は

$$\frac{d}{dt}\begin{bmatrix} U \\ V \\ W \end{bmatrix} = \begin{bmatrix} -\gamma_{eg} & \Delta\omega & 0 \\ -\Delta\omega & -\gamma_{eg} & R_{eg} \\ 0 & -R_{eg} & -\gamma_e \end{bmatrix} \begin{bmatrix} U \\ V \\ W \end{bmatrix} \quad (4.153)$$

で与えられる．ここで準位 $|g\rangle$ は基底準位で緩和はないと仮定した．(4.153) 式の非対角項が一般化ラビ周波数であることに着目すると，緩和が無視できる場合，

$$\frac{d}{dt}\boldsymbol{U} = \boldsymbol{U} \times \boldsymbol{R}, \quad \boldsymbol{R} = R_{eg}\boldsymbol{e}_x - \Delta\omega \boldsymbol{e}_y \quad (4.154)$$

と記述できる．$\Delta\omega = 0$ の共鳴の場合は $\boldsymbol{e}_x$ 方向に有効磁場に相当するラビ振動場が発生し，ブロッホベクトルは $\boldsymbol{e}_y \boldsymbol{e}_z$ 平面で才差運動を行う．$U = V = 0$ において $W = \pm 1$ は励起準位への誘導吸収と基底準位への誘導放出に対応するから，この才差運動は緩和がないときのラビ振動をベクトル空間で表示したことに相当する (図 4.21(a))．次に (4.153) 式対角項は緩和定数のみで表される．$\boldsymbol{X} = U\boldsymbol{e}_x + V\boldsymbol{e}_y$ とするとき

$$\frac{d}{dt}\boldsymbol{X} = -\frac{\boldsymbol{X}}{T_2} \quad (4.155)$$

$$\frac{d}{dt}W = -\frac{W}{T_1} \quad (4.156)$$

と $\boldsymbol{e}_x \boldsymbol{e}_y$ 平面の横緩和と，$\boldsymbol{e}_z$ 軸上の縦緩和に分けて考えることができる．(4.156) 式は定常状態で 0 に収束する．このことは W の平衡状態が $\rho_{ee} = \rho_{gg}$ であることを意味している．したがって任意の平衡状態 W_{eq} を考えるとき，(4.153)

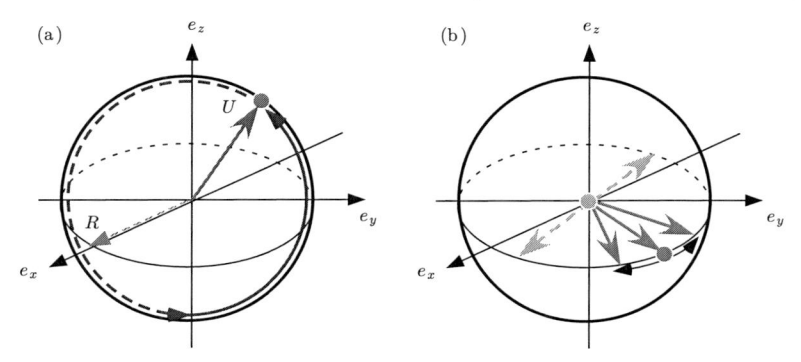

図 4.21 ブロッホベクトル表示による誘導吸収 (a) と位相緩和 (b)
(a) では光誘起のラビ振動場 R が存在する間，ブロッホベクトル U は $e_y e_z$ 平面でラビ振動を行う．(b) は W が平衡状態にあるときの時間発展であり，初期位相差 0 (実線) から横位相緩和で U が広がっていく様子．

式 W の時間方程式は

$$\frac{d}{dt}W = -R_{eg}V - \gamma_e(W - W_{eq}) \tag{4.157}$$

と表される．他方，横緩和は U および V の時間発展で与えられ，不均一広がりが存在すると各 2 準位系のブロッホベクトルは $e_x e_y$ 面内で広がりながら時間発展する．その結果，ブロッホベクトルは互いに打ち消しあい 0 となる (図 4.21(b))．

4.5.3 均一幅分光

本項では具体的な測定対象として半導体量子ドットを取り上げ，均一幅を評価するための分光手法とその特性についてまとめておきたい (3.4 節もあわせて参照)．量子ドットは閉じ込め励起子で構成される 2 準位系であり，その緩和は結晶中の電子緩和を知るうえで理想的な測定対象といえる．しかしながら一般的な量子ドットの寸法は励起子ボーア半径と同程度であるため，たとえ原子オーダーであっても界面やサイズ揺らぎは量子準位のエネルギー変化をもたらす．たとえば自然形成型の量子ドットにおいて，励起子基底準位の不均一幅は均一幅の数十倍から 10^3 倍にも達する．したがって緩和機構の詳細を知るためには，この不均一広がりを除去した均一幅分光が必要となる．近接場分光をはじめとする空間分解分光の目的は多くの場合，この均一幅分光を実現するため

に使われる．また空間分解分光以外にも周波数分解や時間分解によって同等の均一幅評価が可能であり，その手法についても以下にまとめる．なお近接場光学顕微鏡による均一幅分光やイメージングに関しては本シリーズ第3巻をご覧いただきたい．

a. 顕微発光分光

十分低密度にドットを分散させた試料では，対物レンズを用いた顕微発光分光で均一幅を測定できる．ここで考える発光遷移は励起子基底状態から0励起子状態に遷移する際の自然放出に対応する．直接遷移型半導体の場合，閉じ込め効果による波動関数の重なりのため比較的強い発光強度が得られる．また発光から離れたエネルギーをもつ光で励起を行うことで，強いレーリー散乱光の影響を逃れることができることも発光分光の利点である．量子ドットの離散化準位ではフォノン散乱が著しく抑制されるため，縦緩和時間 T_1，すなわち励起子寿命の逆数に近い発光線幅 $10\sim100\,\mu\mathrm{eV}$ が観測される．この線幅はフォノンの熱励起効果の存在する室温においても数 meV のオーダーしか広がらない．狭線幅の均一幅を精度よく見積もる際には，スペクトル分解能にすぐれた二重/三重回折格子の分光器が用いられる．ただし，回折格子は反射率の上限があるため，特に二重/三重回折格子分光器では検出効率が著しく低下する．そのためイメージングなどの短時間検出が望まれる場合にはスペクトル分解能よりも検出効率を優先し，シングルの回折格子分光器や干渉型バンドパスフィルターを用いる．また測定系の安定性を考慮すると，検出器は電荷結合デバイス (CCD) が望ましい[*15]．

均一幅測定では低温観測が一般的である．目的に応じて，窒素温度，液体ヘリウム温度まで冷却する必要があるが，顕微分光とのマッチングを考えると，フロー型の冷却システムが用いられる場合が多い．その場合，冷媒のトランスファー機構からの振動を極力抑えるような工夫が施される．高い安定性が求められるプローブ顕微鏡の冷却システムでは振動除去が必須であるため，液体ヘリウム (窒素) 槽を備えた冷却システムと用いるか，走査系を含む冷却部とトランスファー機構を独立させる．イメージングを伴わない均一幅分光では，試料

[*15] ただし測定波長により，量子効率が不足する場合は光電子増倍管やフォトンカウンティング素子が利用される．

4.5 緩和

表面にメサ構造や金属マスクを用いた加工を施し，実効的な空間分解能を向上させることができる．特にドット密度が多い試料に対して，この方法は有効である．また加工構造はマーカーとなるため，同一のドット構造に対して様々な測定を繰り返し試みることが可能である．したがって，系統的な物性評価に効果的である．

b. 共鳴選択励起発光分光法/発光励起分光法

加工を施すことが難しく，ドットの密度の高い試料では，励起光を量子ドットの励起準位に共鳴させる共鳴選択励起発光分光法が用いられる．発光準位と同様に，励起準位も狭い均一幅と不均一広がりをもつ．共鳴励起の場合はレーザー線幅で決定される共鳴幅に励起準位をもつ量子ドットのみが選択的に励起されるため，電子/正孔バンドに励起する場合に比べて圧倒的にドットの個数を低減することができる．また共鳴選択励起を励起準位に対する分光として用いることもできる．励起エネルギーを変化させながら励起共鳴スペクトルを測定する手法は発光励起 (PLE) 分光法と呼ばれる．この分光法では１つの均一幅発光に着目し，励起エネルギーを変化させた際の発光強度変化から共鳴スペクトルを見積もる．とくに緩和過程においてフォノン緩和が支配的であり，非輻射再結合が無視できる試料では，吸収スペクトルの代わりに用いられる．励起光源としては，一般的に波長可変レーザーを用いるが，白色光を分光器に通すことで所望のエネルギーを切り出す方法も用いられる．帯域 1 GHz の狭線幅レーザーで励起する場合，分解能として数 μeV 程度が実現できる．そのため発光分光よりも高い分解能で均一幅を評価できる利点もある．ただし，励起エネルギーを発光エネルギーのそばまで変化させるため，レーリー散乱などの背景雑音に対する迷光除去能力の高い分光器は必須である．

c. フォトンエコー分光法

発光をプローブとして用いる場合，主に界面や不純物準位に起因したスペクトル拡散 (ゆらぎ) が本質的な均一幅測定を妨げる場合がある．スペクトル拡散とは時間に応じて発光エネルギーがシフトする現象のことを指す．このような現象はイオンや分子で構成されるナノ微結晶ではよく観測される．この種のドットは表面積/体積比が大きく，光励起による周囲環境の変化が光学特性を支配することがスペクトル拡散をもたらす主な原因と考えられる．同様の理由か

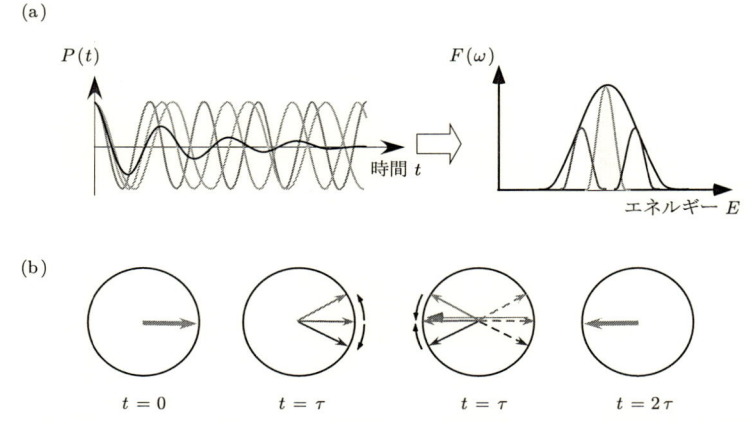

図 4.22 (a) 不均一広がりをもつ系においてパルス励起したときの励起子分極の時間発展 (左) と周波数スペクトル (右) の関係. (b) フォトンエコーの模式図. $e_x e_y$ 平面におけるブロッホベクトル U の時間発展を表す

らメサ構造にした場合に周囲に欠陥準位が導入された量子ドットでも観測されている. このスペクトル拡散の影響を取り除く方法は有限の測定時間が必要となるスペクトル分光では難しい. そこで一般的にはスペクトル分解分光の代わりに, パルスレーザーを用いた時間分解型の均一幅分光法が利用される.

時間領域の不均一広がりは前項のブロッホベクトルを用いるとイメージしやすい. 図 4.22(b) は $t=0$ でデルタ関数状の光パルスで複数の励起子分極を励起したときの時間発展である. この図に見られるように, 複数の励起子, すなわち複数の 2 準位系の時間発展は横緩和時間 T_2 をもたらす. これは不均一広がりをもつスペクトル波形に対応する (図 4.22(a)).

ここでは詳しく述べないが, 非線形光学過程を用いると, 個々の励起子分極の位相を $t=\tau$ で反転させることができる. すると $t=2\tau$ で再びすべての励起子分極の位相が揃い, 振動子輻射 (フォトンエコー) が生じる. このフォトンエコーは単一の振動子が位相を保持している時間範囲で放射される. したがってフォトンエコー信号強度をパルスの遅延時間 τ に対して測定することにより, 均一幅が緩和時間から求められる. フォトンエコー分光では共鳴励起で測定するため, 高い信号強度を得ることと高感度な検出系を実現することが重要である. 空間分解分光とは反対に, ドットの密度が高いほど良好な信号が得られる

ことに注意されたい．このため，しばしば積層ドット構造や導波路構造が顕微分光系とともに用いられる．特に導波路構造では励起密度を保った条件で相互作用長を長くとれるため，高い信号強度が得られる．ただし信号を励起光から分離するため非縮退型の光パルス励起が必要となる．

d. 顕微ラマン分光法

閉じ込め構造や歪，組成などの結晶構造評価は電子顕微鏡やプローブ顕微鏡が一般的に用いられる．しかし試料構造に加工や制限が加わるため，必ずしも完全な評価手法とはいえない．そこで光励起による散乱分光法が用いられる．高次の光学遷移ではエネルギー保存の成立しない中間状態を経由する．したがって中間状態においてフォノンを放出もしくは吸収する過程を選ぶことが可能となる．その結果，入射光と散乱光のエネルギーはフォノンのエネルギー分だけ差が生じ，非弾性的な散乱光成分，いわゆるラマン散乱光が観測される．ラマンスペクトルはフォノンエネルギーだけでなく，偏光から結晶の対称性，半値幅から結晶品質，強度から電子状態や電子・フォノン相互作用など非常に多くの情報を得ることができる．しかしながらラマン散乱は高次の光学遷移過程であり，一般的にその強度は発光に比べると4桁以上弱い．そのため前項と同様，積層構造や導波路構造を使って信号強度を高める工夫が必要となる．一方でラマン散乱の場合は様々な増強効果を用いることで信号増幅が達成できる．発光準位を利用した共鳴ラマン分光法や金属探針，金属微粒子を利用した電場増強などが用いられる．これらの増強効果を利用すると発光強度とほぼ同等の信号強度が得られるため，イメージングも実現されている．ラマン分光法では励起光にレーザーを用いる．また迷光除去能率のすぐれた分光器を準備する必要がある．一方で必ずしも低温環境で行う必要がないことは簡便な構造評価を可能にする．

参 考 文 献

A. 本書に関連する基礎科目の教科書
1) 小林浩一: 光の物理学, 東京大学出版会 (2002).
   数式を用いずに高度な内容まで丁寧に説明してあるのは驚かされる.
2) 矢野健太郎・石原　繁: 基礎解析学, 裳華房 (1981).
   ほどよい分量と簡潔さが魅力の応用数学の教科書.
3) 清水　明: 量子論の基礎, サイエンス社 (2003).

B. 光物性に関する参考書
1) 小林浩一: 光物性入門, 裳華房 (1997).
   とっつきにくい内容が含まれているが信頼できる参考書.
2) 櫛田孝司: 光物性物理学, 朝倉書店 (1991).
   実験結果が多く出てくるので楽しく読める.
3) 工藤恵栄・若木守明: 基礎量子光学, 現代工学社 (1998).
   物性分野の量子光学の参考書としてよい.

C. ナノ物性に関する参考書
1) J. Singh: *Electronic and Optoelectronic Properties of Semiconductor Structure*, Cambridge University Press (2003).
2) 斎木敏治・戸田泰則: ナノスケールの光物性, オーム社 (2004).

D. その他
1) I. Vurgaftmana, J.R. Meyer and L.R. Ram–Mohan: Band parameters for III–V compound semiconductors and their alloys, *Journal of Applied Physics*, vol.89, pp.5815–5875 (2001).
   最新の半導体データ集としてとてもよい.

索　引

欧　文

π パルス　125

k·p 摂動　142

LT ギャップ　35

sp^3 混成軌道　44

あ　行

アインシュタイン係数
　　——A 係数　15
　　——B 係数　15, 116
アンペール・マクスウェルの法則　112

イオン核　135
位相緩和　157
位相緩和時間　157
1 次元ポテンシャル　102
井戸型ポテンシャル　102

ウィーンの変位則　9
運動量　100
運動量行列要素　143
運動量保存則　141

エネルギー緩和時間　157
エネルギーギャップ　44
エネルギーバンド　42
エネルギー分裂　130
エルミート演算子　100, 105
エルミート性　105

演算子　99
演算子行列要素　105

重い正孔　145
重み関数　155
音響フォノン　148
音響モード　58

か　行

回転波近似　117, 122, 127
角周波数　23
確率分布　99
化合物半導体　45
重ね合わせ状態　125
数演算子　108
価電子帯　45
荷電励起子　96
軽い正孔　145
間接遷移型半導体　141
観測　98
緩和　152
緩和ハミルトニアン　156

基底状態　121
軌道角運動量　103, 146
軌道量子数　103
逆格子ベクトル　135
ギャップモード　78
吸収係数　27
吸収スペクトル　53, 54
球面調和関数　102
鏡像　79
共鳴　117

共鳴選択励起発光分光法　161
共有結合　137
強励起　121
局在表面プラズモン　73
許容遷移　120
均一幅　153, 159
均一幅分光　159
均一広がり　59

空洞放射　1
屈折率　27
クレプシュ・ゴルダン係数　146
クーロンゲージ　112, 140
クーロンポテンシャル　102, 135
群速度　50
群論　138

ケインパラメータ　143
ケインモデル　142
ゲージ変換　111
結合軌道　41
結合準位　136
結合状態　130, 137
結晶場　145
原子核　135

光学遷移　114
光学遷移確率　114
光学遷移過程　13
光学的ブロッホ方程式　157
光学フォノン　148
光学モード　58
交換相互作用　92
格子　148
光子　106
格子振動　57, 148
光子数　9
光子数演算子　108
光子数状態　108
黒体放射　1
コヒーレンス　88, 90, 154
固有状態　101

固有値　101
固有値方程式　101
混合状態　154

さ　行

才差運動　157
散乱断面積　67

ジェインズ・カミングスモデル　128
磁化　25
磁気双極子モーメント　25
磁気量子数　103
自然放出　15, 125, 132, 152
自然放出レート　82, 87
実格子ベクトル　135
弱電場近似　116
主量子数　103
シュレディンガー表示　105, 155
シュレディンガー方程式　101, 115
純粋状態　154
消衰係数　27
状態ベクトル　103
状態密度　42, 53, 62
消滅演算子　108
真空場　110, 132
真空場ゆらぎ　132
真電荷　24
振動子強度　30, 35

水素原子モデル　103
スカラーポテンシャル　111
ステファン・ボルツマンの法則　9
スピン　90
スピン演算子　157
スピン・軌道相互作用　91, 145
スピン・軌道相互作用定数　146
スピン・軌道分裂エネルギー　147
スピン縮退　146
スピン波動関数　102
スピンフリップ演算子　127
スピン量子数　103, 145
スプリットオフバンド　147

索引

正規直交関係　106
正準量子化　101, 108
生成演算子　108
摂動　114
ゼーマン分裂　90
ゼロフォノン線　151
遷移確率　116, 119
遷移レート　120
全角運動量　146
選択則　119

双極子近似　122
双極子モーメント　117, 119
相互作用ハミルトニアン　115
相互作用表示　105, 115, 155
側帯波共鳴　131

た 行

縦緩和　158
縦緩和時間　157
縦波モード　34
単位格子ベクトル　135
単一フォトン　94
単一モード電磁波　109
単一モード電磁場　128
断熱近似　135
断熱ポテンシャル　135

調和振動子　106
調和振動子モデル　106
調和ポテンシャル　102
直接遷移型半導体　141

デバイ　126
テラヘルツ　16
電荷密度　23
電気感受率　72
電気双極子　24, 28, 48, 66, 75
電気双極子モーメント　24, 115
電気伝導度　26, 31
電磁場ハミルトニアン　110
伝導帯　45

伝導電流　25
電場増強効果　84
電流密度　23

動径方向波動関数　103
透磁率　26
　　真空の——　22
ドルーデモデル　31
ドレスト　129

な 行

内殻電子　135

2 準位系　121

は 行

ハイゼンベルグ表示　105, 113
パウリのスピン行列　127
波数　17
波数ベクトル　23
波数保存則　52
波束　49
発光スペクトル　56, 59
発光励起分光法　161
波動関数　99
波動性　99, 102
　　電磁波の——　99
波動方程式　22
場の量子化　108
ハミルトニアン　100, 101
パリティ　119, 143
反結合軌道　41
反結合準位　136
反結合状態　130, 137
反交差　131
反電場係数　71
反電場シフト　35
バンド　136
バンド間遷移　140
バンドギャップ　44, 137
反分極場　70

ピエゾ電気型の相互作用　149
光
　——の状態密度　4
　——の粒子性　99
非許容遷移　120
歪　145, 149
標準偏差　11
表面フォノンポラリトン　37
表面プラズモンポラリトン　37
表面励起子ポラリトン　37

フォック状態　108, 132
フォトンエコー　161, 162
フォノン　58, 148
フォノンサイドバンド　151
フォノンポラリトン　36
不確定性原理　101
不均一幅　153
不均一広がり　59, 153, 162
複素誘電率　27
物理量　98
プラズマ角周波数　32
プラズモンポラリトン　36
ブラッグ反射　138
プランク定数　17
プランクの放射則　2, 7
(第1) ブリルアンゾーン　140
フレーリッヒ相互作用　150
ブロッホ関数　138
ブロッホの定理　138
ブロッホベクトル　157, 159, 162
ブロッホ方程式　157
　光学的——　157
分極　24, 29, 69
分極電荷　24
分極電流　25
分散　11
分配関数　8

平均自由時間　31
平均場ポテンシャル　135
並進対称性　138

ベクトルポテンシャル　111
変形ポテンシャル　149
変形ポテンシャル相互作用　149

ポアソン分布　11
ボーアの条件　13
ホアンリー因子　151
ポテンシャルエネルギー　100
ポラリトン　36
ボルツマン定数　17
ボルツマン分布　14
ボルン・オッペンハイマー近似　135

ま 行

マルコフ近似　153

密度演算子　154
密度行列　154

無放射レート　83

モーレーの三重線　131

や 行

ヤングの二重スリット　99

有効質量　42, 50
有効磁場　146
誘電率　26
　真空の——　22
誘導吸収　15, 117
誘導放出　15, 117
ゆらぎ　11

横緩和　157, 159
横波モード　34

ら 行

ラッティンジャー・コーンモデル　147
ラビ周波数　122, 129, 132, 158
　一般化された——　123
ラビ振動　123, 125, 158

——の崩壊と回復　132
　ラビ振動場　158
　ラマン分光　163

　粒子性　99, 102
　リューブル方程式　156
　量子井戸　61, 62
　量子構造　60
　量子コンピューティング　125
　量子細線　62
　量子ドット　63, 159
　量子力学　98

　励起共鳴スペクトル　161
　励起子　53, 55, 87

　励起子寿命　160
　励起子分子　94
　励起子ポラリトン　36
　励起状態　121
　零点振動エネルギー　107, 110
　レーリー・ジーンズの法則　6
　連結振動子　124

　ローレンツ関数　153
　ローレンツモデル　28, 101
　ローレンツ力　23

わ 行

ワイズコッフ・ウィグナーの理論　132

著者略歴

斎木敏治（さいきとしはる）

- 1965年　東京都に生まれる
- 1993年　東京大学大学院工学系研究科
　　　　　博士課程修了
- 現　在　慶應義塾大学理工学部電子工学科
　　　　　准教授
　　　　　博士（工学）

戸田泰則（とだやすのり）

- 1968年　広島県に生まれる
- 1996年　東京工業大学総合理工学研究科
　　　　　博士課程修了
- 現　在　北海道大学大学院工学研究科
　　　　　准教授
　　　　　博士（工学）

先端光技術シリーズ2
光 物 性 入 門
―物質の性質を知ろう―

定価はカバーに表示

2009年 4 月 5 日　初版第 1 刷
2018年 3 月25日　　　第 4 刷

著　者　斎　木　敏　治
　　　　戸　田　泰　則
発行者　朝　倉　誠　造
発行所　株式会社　朝　倉　書　店
　　　　東京都新宿区新小川町6-29
　　　　郵便番号　162-8707
　　　　電　話　03(3260)0141
　　　　FAX　03(3260)0180
　　　　http://www.asakura.co.jp

〈検印省略〉

© 2009〈無断複写・転載を禁ず〉

中央印刷・渡辺製本

ISBN 978-4-254-21502-1　C 3350

Printed in Japan

JCOPY　<(社)出版者著作権管理機構 委託出版物>

本書の無断複写は著作権法上での例外を除き禁じられています．複写される場合は，そのつど事前に，(社)出版者著作権管理機構（電話 03-3513-6969, FAX 03-3513-6979, e-mail: info@jcopy.or.jp）の許諾を得てください．

好評の事典・辞典・ハンドブック

物理データ事典	日本物理学会 編	B5判 600頁
現代物理学ハンドブック	鈴木増雄ほか 訳	A5判 448頁
物理学大事典	鈴木増雄ほか 編	B5判 896頁
統計物理学ハンドブック	鈴木増雄ほか 訳	A5判 608頁
素粒子物理学ハンドブック	山田作衛ほか 編	A5判 688頁
超伝導ハンドブック	福山秀敏ほか 編	A5判 328頁
化学測定の事典	梅澤喜夫 編	A5判 352頁
炭素の事典	伊与田正彦ほか 編	A5判 660頁
元素大百科事典	渡辺 正 監訳	B5判 712頁
ガラスの百科事典	作花済夫ほか 編	A5判 696頁
セラミックスの事典	山村 博ほか 監修	A5判 496頁
高分子分析ハンドブック	高分子分析研究懇談会 編	B5判 1268頁
エネルギーの事典	日本エネルギー学会 編	B5判 768頁
モータの事典	曽根 悟ほか 編	B5判 520頁
電子物性・材料の事典	森泉豊栄ほか 編	A5判 696頁
電子材料ハンドブック	木村忠正ほか 編	B5判 1012頁
計算力学ハンドブック	矢川元基ほか 編	B5判 680頁
コンクリート工学ハンドブック	小柳 洽ほか 編	B5判 1536頁
測量工学ハンドブック	村井俊治 編	B5判 544頁
建築設備ハンドブック	紀谷文樹ほか 編	B5判 948頁
建築大百科事典	長澤 泰ほか 編	B5判 720頁

価格・概要等は小社ホームページをご覧ください．